中国研究生
数学建模案例精选

主　编 | 罗万春　马　翠　宋丽娟
副主编 | 邵　辉　唐　棣　刘馨竹

重庆大学出版社

内容提要

本书精选了中国研究生数学建模竞赛的 5 篇优秀论文,解析模型、还原程序、评述论文,以案例的方式帮助读者理解数学建模过程,掌握数学建模方法,提高数学建模能力。本书包括面向节能的单/多列车优化决策问题、多无人机协同任务规划问题、基于优化模型的多无人机对组网雷达的协同干扰研究等建模案例。每个案例自成体系,读者可独立阅读。

图书在版编目(CIP)数据

中国研究生数学建模案例精选 / 罗万春,马翠,宋
丽娟主编. -- 重庆:重庆大学出版社,2024.4
ISBN 978-7-5689-4334-5

Ⅰ. ①中… Ⅱ. ①罗… ②马… ③宋… Ⅲ. ①数学模
型—教学研究—研究生 Ⅳ. ①O141.4

中国国家版本馆 CIP 数据核字(2024)第 045467 号

中国研究生数学建模案例精选
ZHONGGUO YANJIUSHENG SHUXUE JIANMO ANLI JINGXUAN

主 编 罗万春 马 翠 宋丽娟
副主编 邵 辉 唐 棣 刘馨竹
策划编辑:范 琪
责任编辑:文 鹏 版式设计:范 琪
责任校对:王 倩 责任印制:张 策

*

重庆大学出版社出版发行
出版人:陈晓阳
社址:重庆市沙坪坝区大学城西路 21 号
邮编:401331
电话:(023) 88617190 88617185(中小学)
传真:(023) 88617186 88617166
网址:http://www.cqup.com.cn
邮箱:fxk@ cqup.com.cn(营销中心)
全国新华书店经销
重庆新荟雅科技有限公司印刷

*

开本:787mm×1092mm 1/16 印张:10.25 字数:251 千
2024 年 4 月第 1 版 2024 年 4 月第 1 次印刷
印数:1—1 000
ISBN 978-7-5689-4334-5 定价:49.00 元

编委会

序言
Foreword

中国研究生数学建模竞赛是由教育部学位管理与研究生教育司指导，中国学位与研究生教育学会、中国科协青少年科技中心主办的"中国研究生创新实践系列大赛"主题赛事之一，在培养研究生运用数学建模方法解决实际问题能力、培养研究生的科研创新精神、增强研究生的团队合作意识、促进研究生学术交流方面取得了突出的成绩，为提高我国研究生的培养质量做出了显著的贡献。二十年来深受广大研究生的欢迎，得到500多家研究生培养单位的积极支持，2023年全国有六万多名研究生报名参赛。

二十年竞赛采用了上百条赛题，都是来自实际问题，甚至来自前沿课题，既有重大的应用价值，又有广阔的创新空间，是培养研究生创造性的优秀载体。但由于问题的前沿性及竞赛时间的限制，这些困难的问题并没有完全解决，仍然具有深入研究的价值。此外，研究生都有其他的学习任务，加之很快就要走上新的工作岗位，无法继续钻研，十分可惜。好在研究生群体每年都注入大量的新鲜血液，也需要培养他们的创造性和解决实际问题的能力。如果用以往的赛题作为培训资料，让新研究生借鉴竞赛的优秀论文，并在已取得成果的基础上进一步创新，可能会提高培训的效率，也可能获得更有价值的成果，所以中国研究生数学建模竞赛专家委员会一贯鼓励对赛题尽力开展赛后研究并在网上公布部分优秀论文，虽然如此，应该承认我们在这方面工作做得还不够。

陆军军医大学作为医学院校，虽然本科生学习数学学时少，研究生又几乎没有数学课程，但该校对组织研究生参加数学建模竞赛十分重视，在研究生数学建模培训方面的成效显著，参赛多次均能够获奖，尤其是多次获一等奖并被评选为优秀论文在全国颁奖大会期间进行学术交流。这些成功的经验充分说明即使在医药院校研究生中，数学建模依然既迫切需要又大有作为。

　　本书精选了 5 篇优秀数学建模竞赛论文组织出版,激发研究生数学建模的学习兴趣和参加数学建模竞赛的热情,值得鼓励提倡。全书以原文的形式展现数学建模的原貌,特别在重要模型处加上模型点评、采用二维码附上模型求解的程序,这些都是本书的特色。这样更贴近研究生的实际学术水平,有利于读者学习和理解模型,方便读者在作者研究工作的基础上开展进一步的研究与创新。本书的另一个特点是对于算法的改进简化,可供高校研究生学习和借鉴。

中国研究生数学建模竞赛专家委员会主任

东南大学　朱道元

2024 年 3 月

前言
Foreword

我国著名数学家华罗庚曾说:"宇宙之大,粒子之微,火箭之速,化工之巧,地球之变,生物之谜,日用之繁,无处不用数学。"数学不仅有淬炼思维之功,也有解决问题之能。在研究生学习阶段,数学成为各个学科不可缺少的有力工具,面向研究生的数学建模竞赛应运而生。

中国研究生数学建模竞赛自举办以来,得到广大师生的认可,参赛学校和队伍逐年增多。数学建模竞赛的解决对象是问题、基础是数学、核心是建模、成果是论文,这就要求学生具备坚实的数学基础、较强的编程能力和扎实的写作功底。医学院校研究生除少数几个专业外,由于不再学习数学,所学课程对数学基础要求较低,所以在以理工科问题为主的研究生数学建模竞赛中,医学院校参赛学生对问题领域陌生、对模型理解困难、编程能力欠佳,劣势尽显。虽然医学研究方法以卫生统计为主,但对医学数据挖掘、医学大数据问题、医学实验结果的深度分析,数学建模显然是更加有力的工具,数学建模竞赛对医学院校研究生有较强的科研训练功能。对于非理工科专业的学生而言,即便不学应用数学,至少应该明白数学应用。当然,希望学生参加几场数学建模竞赛就掌握较高的数学建模能力是不实际的,或许,让学生具有用数学建模思想方法解决实际问题的意识和团队意识才是数学建模竞赛的最大意义所在。

陆军军医大学2015年首次参加中国研究生数学建模竞赛,当年即获一等奖,三年两获全国优秀论文,并约稿发表。数学建模竞赛论文并无一定之规,但有优劣之别。研究生数学建模竞赛强调模型的创新性、研究的深入性和论文的规范性,为了总结经验,我们甄选7年来的数学建模参赛论文,展示论文原文,点评数学模型、论文写作、程序编写的优缺点。读者可以通过自己对竞赛问题的理解,建立模型、求解结果,然后与本书提供的论文进行比较。本书提供的程序编写模式可以在类似模型求解时修改应用,通过学、练、用、赛的方式进行数学建模的学习。希望通过有限的篇幅,让读者学有所获、习有所成、用有所创、赛有所得。

特别感谢中国研究生数学建模竞赛专家委员会主任朱道元教授一直对我校参加该竞赛的鼓励与帮助,并为本书作序。陆军军医大学数学建模竞赛的开展、成绩的获得离不开陆军军医大学研究生院和基础医学院的支持和重视,以及数学建模教师团队的付出和参赛学生的努力,在此基础上才有本书的出版,在此诚挚致谢。

第1章由魏歆、尚永宁、唐棣、姜翠翠、徐佳麟、罗世海编写,第2章由刘恩、刘馨竹、唐棣、周彦、雷玉洁、雷理博编写,第3章由邵辉、刘馨竹、唐棣、陈代强、魏调霞编写,第4章由邵辉、刘馨竹、冉旗、周彦、宋丽娟编写,第5章由李翔、汤宁、邵辉、宋丽娟、马翠编写。董剑桥、宋娜检查核对全文。罗万春作为主要指导教师,和马翠统筹全书。

本书可供参加研究生数学建模竞赛的师生和竞赛问题相关领域的专业人员参考。鉴于编者水平有限,书中疏漏在所难免,敬请各位专家、同行和广大读者批评指正。

编　者
2024 年 1 月

目录
Contents

1

面向节能的单/多列车优化决策问题 ⚬⚬⚬⚬⚬⚬⚬⚬⚬⚬⚬⚬ ◯

轨道交通系统的能耗是指列车牵引、通风空调、电梯、照明、给排水、弱电等设备产生的能耗。根据统计数据,列车牵引能耗占轨道交通系统总能耗 40% 以上。在低碳环保、节能减排日益受到关注的情况下,减少列车牵引能耗的列车运行优化控制近年来成为轨道交通领域的重要研究方向.

1.列车运行过程

列车在站间运行时会根据线路条件、自身列车特性、前方线路状况计算出一个限制速度,列车运行过程中不允许超过此限制速度.限制速度会周期性更新.在限制速度的约束下,列车通常包含 4 种运行工况:牵引、巡航、惰行和制动.

①牵引阶段:列车加速,发动机处于耗能状态.

②巡航阶段:列车匀速,列车所受合力为 0,列车是需要牵引还是需要制动取决于列车当时受到的总阻力.

③惰行阶段:列车既不牵引也不制动,列车运行状态取决于受到的列车总阻力,发动机不耗能.

④制动阶段:列车减速,发动机不耗能.如果列车采用再生制动技术,此时可以将动能转换为电能反馈回供电系统供其他用电设备使用,如其他正在牵引的列车或者本列车的空调等(本列车空调的耗能较小,通常忽略不计).

如果车站间距离较短,列车一般采用"牵引—惰行—制动"的策略运行.如果车站间距离较长,列车通常会采用牵引到接近限制速度后,交替使用巡航、惰行、牵引 3 种工况,直至接近下一车站采用制动进站停车(图 1.1).

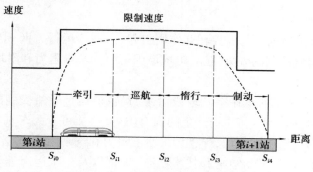

图 1.1 列车站间运行曲线

2. 列车动力学模型

列车在运行过程中, 实际受力状态非常复杂. 采用单质点模型是一种常见的简化方法. 单质点模型将列车视为单质点, 列车运动符合牛顿运动学定律. 其受力可分为4类: 重力 G 在轨道垂直方向上的分力(与轨道的托力抵消)、列车牵引力 F、列车制动力 B 和列车运行总阻力 W(图 1.2).

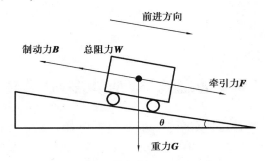

图 1.2 单质点列车受力分析示意图

(1) 列车牵引力 F

列车牵引力 F 是指由动力传动装置产生的、与列车运行方向相同、驱动列车运行并可由司机根据需要调节的外力(图 1.3). 牵引力 F 在不同速度下存在不同的最大值 $F_{max} = f_F(v)$. 列车实际输出牵引力(kN)基于以下公式进行计算:

$$F = \mu F_{max}$$

其中, μ 为实际输出的牵引加速度与最大加速度的百分比; F_{max} 为牵引力最大值, kN.

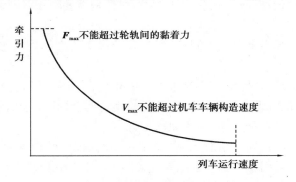

图 1.3 列车牵引特征曲线示意图

(2) 列车总阻力 W

列车总阻力 W 是指列车与外界相互作用引起、与列车运行方向相反、一般是阻碍列车运行的、不能被司机控制的外力. 按其形成原因可分为基本阻力和附加阻力.

1) 基本阻力

列车的基本阻力是指列车在空旷地段沿平、直轨道运行时所受到的阻力. 该阻力是由机械摩擦、空气摩擦等因素作用而产生的固有阻力. 具体可分为车轴轴承间摩擦阻力、轮轨间滚动摩擦阻力、轮轨间滑动摩擦阻力、冲击阻力和气动阻力. 基本阻力与许多因素有关, 它主要取决于机车、车辆结构和技术状态、轴重以及列车运行速度等, 同时受线路情况、气候条件影响. 这些因素极为复杂, 相互影响, 在实际应用中很难用理论公式进行准确计算, 通常采用以下经验公式进行计算:

$$w_0 = A + Bv + Cv^2$$

其中,w_0 为单位基本阻力系数,N/kN;A、B、C 为阻力多项式系数,通常取经验值;v 为列车速度,km/h.

2)附加阻力

列车在附加条件下(通过坡道、曲线、隧道)运行所增加的阻力称为附加阻力.附加阻力主要考虑坡道附加阻力和曲线附加阻力.通常采用以下公式计算:

$$w_1 = w_i + w_c$$

列车的坡道附加阻力是列车上下坡时重力在列车运行方向上的一个分力.通常采用以下公式计算:

$$w_i = i$$

其中,w_i 为单位坡道阻力系数,N/kN;i 为线路坡度,‰,i 为正表示上坡,i 为负表示下坡.

列车的曲线阻力主要取决于轨道线路的曲率半径,列车在曲线上运行时,轮轨间纵向和横向的滑动摩擦力增加,转向架等各部分摩擦力也有所增加.通常采用以下公式计算:

$$w_c = \frac{c}{R}$$

其中,w_c 为单位曲线阻力系数,N/kN;R 为曲率半径,m;c 为综合反映影响曲线阻力许多因素的经验常数,我国轨道交通一般取 600.

有时为了计算方便,当坡道附加阻力、曲线附加阻力同时出现时,根据阻力值相等的原则,把列车通过曲线时所产生的附加阻力折算为坡道阻力,加上线路实际坡度即为加算坡度.

综上,列车运行总阻力可按照以下公式计算:

$$W = (w_0 + w_1) \times g \times \frac{M}{1\,000}$$

其中,W 为线路阻力,N;w_0 为单位基本阻力系数,N/kN;w_1 为单位附加阻力系数,N/kN;M 为列车质量,kg;g 为重力加速度常数.

(3)列车制动力 $\boldsymbol{B}$

列车制动力 $\boldsymbol{B}$ 是指由制动装置引起的、与列车运行方向相反的、司机可根据需要控制其大小的外力.列车制动力 $\boldsymbol{B}$ 存在与制动时列车速度有关的最大值,$\boldsymbol{B}_{\max} = f_B(v)$,当然制动力也可以小于 $\boldsymbol{B}_{\max}$.列车实际输出制动力(kN)基于以下公式进行计算:

$$\boldsymbol{B} = \mu \boldsymbol{B}_{\max}$$

其中,μ 为实际输出的制动加速度与最大加速度的百分比;$\boldsymbol{B}_{\max}$ 为制动力最大值,kN.

3. 运行时间与运行能耗的关系

当列车在站间运行时,存在着多条速度距离曲线供选择.不同速度距离曲线对应不同的站间运行时间和不同的能耗.列车按照如图 1.4 所示 4 条曲线可以走完相同的距离,但运行时间和能耗并不相同.此外,即便站间运行时间相同时,也存在多条速度距离曲线可供列车选择.

一般认为,列车站间运行时间和能耗存在近似如图 1.5 所示的反比关系,比较准确的定量关系应根据前面的公式计算.注意,增加相同的运行时间不一定会减少等量的能耗.

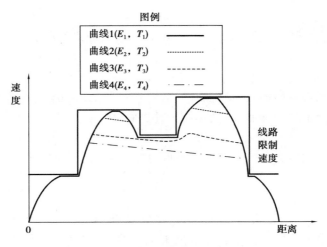

图 1.4　列车站间运行速度距离曲线

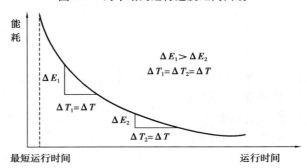

图 1.5　站间运行时间与能耗关系

4. 再生能量利用原理

随着制动技术的进步,目前城市轨道交通普遍采用再生制动. 再生制动时,牵引电动机转变为发电机工况,将列车运行的动能转换为电能,发电机产生的制动力使列车减速,此时列车向接触网反馈电能,此部分能量即为再生制动能. 如图 1.6 所示,列车 $i+1$ 在制动时会产生能量 E_{reg},如果相邻列车 i 处于加速状态,其可以利用 E_{reg},从而减少从变电站获得的能量,达到节能的目的. 如果列车 $i+1$ 制动时,其所处供电区段内没有其他列车加速,其产生的再生能量除用于本列车空调、照明等设备外,通常被吸收电阻转化为热能消耗掉.

假设产生的再生能量为:

$$E_{reg} = (E_{mech} - E_f) \times 95\%$$

其中,E_{mech} 为制动过程中列车机械能的变化量;E_f 为制动过程中为克服基本阻力和附加阻力所做的功.

被利用了的再生能量可按照以下假设的公式计算:

$$E_{used} = E_{reg} \times \frac{t_{overlap}}{t_{brake}}$$

其中,$t_{overlap}$ 为列车 $i+1$ 制动的时间与列车 i 加速时间的重叠时间;t_{brake} 为列车 $i+1$ 的制动时间.

制动时所产生的再生能量与制动时间成正比.

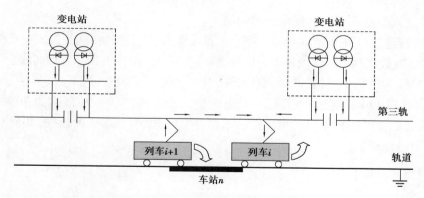

图 1.6　再生能量利用示意图

请研究以下问题：

问题一：单列车节能运行优化控制问题

①请建立计算速度距离曲线的数学模型，计算寻找一条列车从 A_6 站出发到达 A_7 站的最节能运行的速度距离曲线，其中两车站间的运行时间为 110 s，列车参数和线路参数详见文件"列车参数.xlsx"和"线路参数.xlsx".

②请建立新的计算速度距离曲线的数学模型，计算寻找一条列车从 A_6 站出发到达 A_8 站的最节能运行的速度距离曲线，其中要求列车在 A_7 车站停站 45 s，A_6 站和 A_8 站间总运行时间规定为 220 s（不包括停站时间），列车参数和线路参数详见文件"列车参数.xlsx"和"线路参数.xlsx".

注：请将本问题①和②得到的曲线数据按每秒钟一行填写到文件"数据格式.xlsx"中红色表头那几列，并将该文件和论文一并提交[请只填写和修改数据，一定不要修改文件"数据格式.xlsx"的格式. 其中，计算公里标(m)是到起点的距离，计算距离(m)是到刚通过的一站的距离].

问题二：多列车节能运行优化控制问题

①当 100 列列车以间隔 $H = \{h_1, \cdots, h_{99}\}$ 从 A_1 站出发，追踪运行，依次经过 A_2、A_3、$\cdots$ 到达 A_{14} 站，中间在各个车站停站最少 D_{min} s，最多 D_{max} s. 间隔 H 各分量的变化为 H_{min} s ~ H_{max} s. 请建立优化模型并寻找使所有列车运行总能耗最低的间隔 H. 要求第一列列车发车时间和最后一列列车的发车时间间隔为 $T_0 = 63\,900$ s，且从 A_1 站到 A_{14} 站的总运行时间不变，均为 2 086 s（包括停站时间）. 假设所有列车处于同一供电区段，各个车站间线路参数详见文件"列车参数.xlsx"和"线路参数.xlsx".

补充说明：列车追踪运行时，为保证安全，跟踪列车（后车）速度不能超过限制速度 V_{limit}，以免后车无法及时制动停车，发生追尾事故. 其计算方式可简化如下：

$$V_{limit} = \min \left(V_{line}, \sqrt{2LB_e} \right)$$

其中，V_{line} 为列车当前位置的线路限速，km/h；L 为当前时刻前后车之间的距离 m；B_e 为列车制动的最大减速度，m/s^2.

②接上问，如果高峰时间（早高峰 7 200 ~ 12 600 s，晚高峰 43 200 ~ 50 400 s）发车间隔不大于 2.5 min 且不小于 2 min，其余时间发车间隔不小于 5 min，每天 240 列. 请重新为它们制订运行图和相应的速度距离曲线.

问题三:列车延误后运行优化控制问题

接上问,若列车 i 在车站 A_j 延误 DT_j^i（10 s）发车,请建立控制模型,找出在确保安全的前提下,使所有后续列车尽快恢复正点运行、恢复期间耗能最少的列车运行曲线.

假设 DT_j^i 为随机变量,普通延误（$0<DT_j^i<10$ s）概率为 20%,严重延误（$DT_j^i>10$ s）概率为 10%（超过 120 s,接近下一班,不考虑调整）,无延误（$DT_j^i=0$）概率为 70%.若允许列车在各站到、发时间与原时间相比提前不超过 10 s,根据上述统计数据,如何对第二问的控制方案进行调整?

获奖论文精选 面向节能的单/多列车优化决策问题

参赛队员:魏歆 尚永宁 唐棣

指导教师:罗万春

摘要:本文研究的是面向节能的单/多列车优化决策问题.

问题一要求分析关于单列车节能运行优化控制问题.首先对单列车运行的各个阶段进行分析,得到运行速度和时间的关系.对不停靠的情形,在运行时间和路程的约束下,构建以运行能耗最低为目标的非线性规划模型,采用逐步迭代算法进行求解,得到的最佳运行模式为无惰行运行,对应的最小能耗为 6.594 9 kW·h.对停靠的情形,建立以双周期、6 阶段的总能耗最低为目标函数的非线性规划模型,求得最小能耗为 23.168 3 kW·h.

问题二要求分析关于多列车节能运行优化控制问题.对无高峰期情形,建立以回收能量最多为目标的 0-1 非线性规划模型,得到发车间隔为 578.86 s、575.59 s 和 760.89 s,并以此规律循环 33 轮的发车间隔时间表,使得能量回收最大为 250.57 kW·h,回收率为19.66%.对存在早晚高峰的情形,建立以回收能量最多为目标的 5 阶段 0-1 非线性规划模型,求出全天的发车时间表及速度距离曲线.

问题三要求分析关于列车延误后运行优化控制问题.对固定延误时间的情形,在问题二的基础上,建立以时间调整间隔总和最小、以回收能量最多为目标的 0-1 非线性双目标规划模型,得到高峰期和非高峰期的发车间隔的调整时间表.对随机延误的情形,增加随机间隔时间小于 10 s 的约束,求得列车运行的控制方案.

本文建立的优化模型合理,其通用性和推广性强,求解方法能较好地达到全局最优.

关键词:非线性规划 列车节能 延误 逐步迭代

1.1 问题重述

1.1.1 问题背景

轨道交通系统的能耗是指列车牵引、通风空调、电梯、照明、给排水、弱电等设备产生的能耗. 根据统计数据, 列车牵引能耗占轨道交通系统总能耗 40% 以上. 在低碳环保、节能减排日益受到关注的情况下, 减少列车牵引能耗的列车运行优化控制近年来成为轨道交通领域的重要研究方向.

1.1.2 数据集

题目中阐述了列车运行过程、列车动力学模型、列车运行时间与运行能耗的关系、再生能量利用原理等, 附件中提供了列车基本参数、牵引/制动特性曲线、路线参数等数据信息.

1.1.3 提出问题

根据上述问题背景及数据, 题目要求通过数据分析建立模型, 研究解决下列问题.

①单列车节能运行优化控制问题. 建立不同的数学模型, 分析单列车途中不停靠和途中停靠两种情况, 分别得出最节能运行的速度距离曲线.

②多列车节能运行优化控制问题. 建立优化模型, 对 100 列车的发车间隔进行优化, 使运行总能耗最低; 考虑早晚高峰的发车间隔限制, 求全天 240 列车的运行图和速度距离曲线.

③列车延误后运行优化控制问题. 建立控制模型, 求出列车延误后, 恢复期间能耗最少的列车运行曲线; 进一步考虑不同程度的延误及相应的概率, 求优化调整后的控制方案.

1.2 模型假设

①假设重力加速度 g 取值为 $9.8 \ \text{m/s}^2$.

②假设速度 v 的单位统一为 m/s.

③假设在列车启动初期以最大加速度加速.

④假设在列车达到最大牵引力之后以恒定的最大功率加速.

⑤假设在列车制动过程中全力制动.

⑥假设停靠时间以最小停车时间 30 s 计算, 以便当有列车延误的时候, 为防止追尾, 可以通过延长后一辆车的停车时间来校正延误.

1.3 符号说明

①F: 列车牵引力或制动力.

②E_F: 列车由于牵引或制动而消耗的能量.

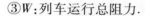

③W：列车运行总阻力.

④w_0：单位基本阻力系数.

⑤w_1：单位坡道阻力系数.

⑥w_c：单位曲线阻力系数.

⑦M：列车质量.

⑧g：重力加速度常数.

⑨E_{mech}：制动过程中列车机械能的变化量.

⑩E_{reg}：列车制动过程中产生的再生能量.

⑪E_f：列车制动过程中克服基本阻力和附加阻力所做的功.

⑫E_{used}：被利用了的再生能量.

⑬$t_{overlap}$：列车$i+1$制动时间与列车i加速时间的重叠时间.

⑭t_{brake}：列车$i+1$的制动时间.

⑮H：列车间隔时间.

⑯D：车站停靠时间.

⑰DT_j^i：列车i在车站A_j延误的时间.

所用符号只表示大小，故均用白体表示，后同。其余符号文中说明。

1.4 问题分析

1.4.1 问题一：单列车节能运行优化控制问题

①根据单列车各阶段的运行情况，首先建立简化模型，讨论在无坡度、无曲率路线上速度和时间的关系；其次通过积分，可得到速度-时间、距离-时间和距离-速度关系；最后以运行能耗最小为目标函数，以运行时间、运行距离、最大速度、最大加速度为约束限制条件，寻找最节能的运行模式.

②如果将"牵引—巡航—惰行—制动"视为一个周期，那么本问题则是在上一问的基础上，将一个周期拓展为两个周期，模型和思路类似. 单列车运行暂时不考虑能量的回收利用问题.

1.4.2 问题二：多列车节能运行优化控制问题

①计算单个列车从A_1到A_{14}站的运行情况. 由于牵引和制动过程是恒定的，因此整个运行过程相当于重复13个周期，唯一的区别是各站点间的距离不同，即巡航的时间不同. 在求得了单列车的运行规律后，需构建以发车间隔H为决策变量，以列车运行总能耗最低为目标的优化模型.

②将早晚高峰和非高峰时段分开，共计5个时间段，在上一问的模型基础上，调整数据，通过对5次优化模型的求解，可得运行图.

1.4.3 问题三：列车延误后运行优化控制问题

①列车延误首先考虑是否存在追尾的风险；其次从能耗最低的角度考虑，列车延误打乱了原有的运行方案，可将延误的时间视为发车间隔的改变，在问题二模型的基础上

重新规划.

②模型同①,仅需增加延误时间随机的约束条件.

1.5 模型的建立与求解

1.5.1 问题一:单列车节能运行优化控制问题

1.5.1.1 单列车无停靠的最节能运行模型

(1)单列车节能优化模型的建立

1)分阶段讨论路程、速度和时间的关系

在限制速度的约束下,列车通常包含 4 种运行工况:牵引、巡航、惰行和制动,如图 1.1 所示.

• 牵引阶段:列车加速,发动机处于耗能状态.

• 巡航阶段:列车匀速,列车所受合力为 0,列车是需要牵引还是需要制动取决于列车当时受到的总阻力.

• 惰行阶段:列车既不牵引也不制动,列车运行状态取决于列车受到的总阻力,发动机不耗能.

• 制动阶段:列车减速,发动机不耗能.

假设牵引阶段速度为 v_1、牵引结束的时刻为 t_1、速度为 V_1;巡航阶段速度为 v_2,巡航结束的时刻为 t_2、速度为 V_2;惰行阶段速度为 v_3,惰行结束的时刻为 t_3、速度为 V_3;制动阶段速度为 v_4,制动结束的时刻为 t_4、速度为 V_4.

①牵引阶段

由于 $a \leqslant a_{max} = 1 \text{ m/s}^2$,根据假设,列车在牵引初期全力加速,即牵引初始阶段列车以 1 m/s^2 的加速度做匀加速运动.牵引力 F_1 随速度的增大而增加,见式(1.1):

$$F_1 = (A + Bv + Cv^2 + i + \frac{c}{R}) \times g \times \frac{M}{1\ 000} + Ma_{max} \tag{1.1}$$

同时,牵引力必须满足约束条件,小于最大牵引力,见式(1.2):

$$F \leqslant F_{max} \tag{1.2}$$

当 $F_1 = F_{max}$ 时,根据式(1.1)可得式(1.3):

$$Cv^2 + Bv + A + i + \frac{c}{R} + \frac{1\ 000(Ma_{max} - F_{max})}{g \times M} = 0 \tag{1.3}$$

为简化模型,假设列车在平地、无曲率的轨道上行驶,将题目中的实际数值代入式(1.3).计算得到 $v = 6.679\ 9 \text{ m/s}$,舍去 $v = -16.241\ 5 \text{ m/s}$.此时,列车引擎输出功率达到最大,$P_{max} = Fv = 1\ 356.021\ 2 \text{ kW}$.

根据假设,达最大牵引力之后,引擎以最大输出功率对列车进行牵引,牵引力与速度成反比,见式(1.4):

$$F = \frac{P_{max}}{v} \tag{1.4}$$

根据式(1.1)和式(1.4)可得关于 v 的微分方程,见式(1.5):

$$\frac{P_{\max}}{v}-\left(A+Bv+Cv^2+i+\frac{c}{R}\right)\times g\times\frac{M}{1\,000}=M\,\frac{\mathrm{d}v}{\mathrm{d}t} \tag{1.5}$$

用 MATLAB 编程,求解微分方程(1.5),无解析解,用 ode45 求出数值解,如图 1.7 所示.

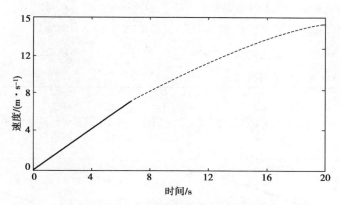

图 1.7　列车牵引速度时间关系图

在牵引过程中分两个阶段.

第一阶段,恒加速运动直至牵引力达到最大值,历时 6.68 s,速度达到 6.68 m/s,在图 1.7 中由实线表示.

第二阶段,恒功率运动,速度增大,牵引力减小,在图 1.7 中由虚线表示.

● 当 6.68 m/s≤v≤14.31 m/s 时,恒功率运动的牵引力不可能超过 203 kN.

● 当 51.5 km/h<v≤80 km/h,即 14.31 m/s<v≤22.22 m/s 时,需比较列车参数中最大牵引力与最大功率下牵引力的大小.

依据假设,把速度单位统一为 m/s,把题目所给出的牵引力限制公式转变成式(1.6).

$$F_{\max}=-0.002\,5\times(3.6v)^3+0.49\times(3.6v)^2-42.13\times3.6v+1\,343 \tag{1.6}$$

求解式(1.5),将式(1.4)和式(1.6)分别用 MATLAB 作图,如图 1.8 所示.

由图 1.8 可知,恒功率牵引模式下的牵引力不会超过列车参数中限制的最大牵引力,可继续用这一模式进行牵引,效果如图 1.9 所示.

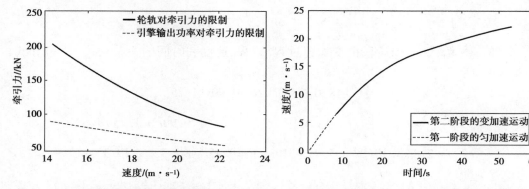

图 1.8　列车牵引变加速阶段速度牵引力关系图　　图 1.9　列车牵引不同阶段速度时间关系图

整理牵引过程中的重要节点对应的时间、速度,见表 1.1.

表 1.1　列车牵引过程中重要节点的速度时间表

节点意义	时间节点/s	速度/(m·s⁻¹)	速度/(km·h⁻¹)
出发点	0	0	0
牵引力最大点,匀加速重点,变加速起点	6.68	6.68	24.05
最大牵引力函数随速度改变的转折点	19.72	14.30	51.50
达限制速度 55 km/h 对应的时间点	22.37	15.28	55.00
达限制速度 80 km/h 对应的时间点	54.37	22.22	80.00

为了简化运算,对第二阶段的变加速运动的 $v\text{-}t$ 函数进行多项式拟合,如图 1.10 所示.

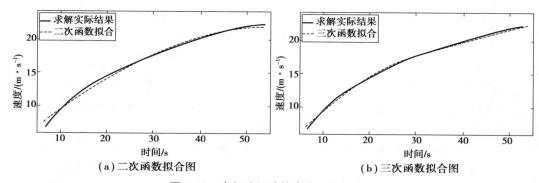

（a）二次函数拟合图　　　　　　（b）三次函数拟合图

图 1.10　变加速运动的高次函数拟合图

由图 1.10 可知,求解结果为光滑函数,即函数可导,由泰勒公式可用多项式无限逼近,即可用多项式拟合.二次和三次拟合的可决系数分别为 0.98 和 0.99,可知三次函数拟合效果较好,可用三次函数刻画速度-时间关系,得到牵引阶段 $v\text{-}t$ 的函数为:

$$v_1 = \begin{cases} t & 0 \leqslant t < 6.68 \\ 1.14 \times 10^{-4} t^3 - 0.02 t^2 + 0.90 t + 1.75 & 6.68 \leqslant t \leqslant 54.37 \end{cases}$$

$0 \leqslant t < 6.68$ s 为牵引阶段的匀加速过程,路程、速度和时间的关系见式(1.7):

$$v_1 = t$$

$$S_1 = \int_0^t t \mathrm{d}t = \frac{1}{2} t^2 \tag{1.7}$$

6.68 s $\leqslant t \leqslant t_1$ 为牵引阶段的变加速过程,路程、速度和时间的关系见式(1.8)和式(1.9):

$$v_1 = 1.14 \times 10^{-4} t^3 - 0.02 t^2 + 0.90 t + 1.75 \tag{1.8}$$

$$\begin{aligned} S_1 &= \int_0^{6.68} t \mathrm{d}t + \int_{6.68}^t (1.14 \times 10^{-4} t^3 - 0.02 t^2 + 0.90 t + 1.75) \mathrm{d}t \\ &= 2.85 \times 10^{-5} t^4 - 5.27 \times 10^{-3} t^3 + 0.45 t^2 + 1.75 t - 30.35 \end{aligned} \tag{1.9}$$

②巡航阶段

列车在巡航过程中匀速运动,巡航速度 v_2 取决于牵引阶段的末速度. $t_1 \leqslant t \leqslant t_2$,巡航阶段路程、速度和时间的关系见式(1.10)和式(1.11):

$$v_2 = 1.14 \times 10^{-4} t_1^3 - 0.02 t_1^2 + 0.90 t_1 + 1.75 \tag{1.10}$$

$$S_2 = v_2(t_2 - t_1) \tag{1.11}$$

③惰行阶段

惰行过程中引擎既不牵引也不制动[1]. 列车在运行方向上只受阻力,受力分析见式 (1.12):

$$-\left[A + B \times (3.6v) + C \times (3.6v)^2 + i + \frac{c}{R}\right]\frac{g}{1\ 000} = \frac{\mathrm{d}v}{\mathrm{d}t} \tag{1.12}$$

惰行初始速度取决于巡航阶段的末速度 v_2,对式(1.12)积分,可得惰行速度与时间的关系.

$t_2 \leq t \leq t_3$,惰行阶段路程、速度和时间的关系见式(1.13)和式(1.14):

$$v_3 = -8.00\tan\left[1.83 \times 10^{-3}(t - t_2) - \arctan(0.13 \times v_2 + 0.60)\right] - 4.78 \tag{1.13}$$

$$S_3 = \int_{t_2}^{t_3} v_3 \mathrm{d}t \tag{1.14}$$

④制动阶段

制动过程全力减速,需讨论是最大加速度还是最大制动力将成为减速的瓶颈. 当 $v = 80$ km/h 时,平地上摩擦力为:

$$W = \left[A + B \times (3.6v) + C \times (3.6v)^2\right] \times \frac{Mg}{1\ 000} = 35.36(\mathrm{kN})$$

最大制动力: $B_{\max} = 0.13v^2 - 25.07v + 1\ 300 = 153.92(\mathrm{kN})$

此时,列车理论上可以达到的最大加速: $a = \dfrac{W + B_{\max}}{M} = 1.04(\mathrm{m/s^2})$,超过了 $a_{\max}$.

当 $v = 77$ km/h 时,平地上摩擦力为:

$$W = \left[A + B \times (3.6v) + C \times (3.6v)^2\right] \times \frac{Mg}{1\ 000} = 33.39(\mathrm{kN})$$

最大制动力: $B_{\max} = 166(\mathrm{kN})$

此时,列车理论上可以达到的最大加速度: $a = \dfrac{W + B_{\max}}{M} = 1.03(\mathrm{m/s^2})$,也超过了 $a_{\max}$.

说明在制动的初期,速度大于某临界值时,最大加速度是减速的瓶颈. 列车减速分为两个阶段,先做 1 m/s² 的匀减速运动,再在最大制动力的作用下做变减速运动.

列车以最大加速度运行到制动力达最大时的临界状态,见式(1.15):

$$B_{\max} = \left[A + B \times (3.6v) + C \times (3.6v)^2\right] \times \frac{Mg}{1\ 000} + Ma_{\max} \tag{1.15}$$

数据代入式(1.15),解得:$0 \leq v < 77$ km/h 时,$v = 19.11$ m/s $= 68.80$ km/h,$v = -28.67$ m/s 舍去;$77 \leq v < 80$ km/h 时,无解.

综上所述,制动过程分两个阶段. 当 19.11 m/s $< v \leq 22.22$ m/s 时,保持 1 m/s² 的最大加速度运动;当 $v < 19.11$ m/s 时,随着摩擦力减小,保持最大制动力不变,做变减速运动.

制动速度 v_4 取决于惰行末速度 V_3. 若 $V_3 > 19.11$ m/s,则制动速度 v_4 与时间的关系见式(1.16);若 $V_3 < 19.11$ m/s,则制动速度 v_4 与时间的关系见式(1.17):

$$v_4 = \begin{cases} V_3 - (t - t_3) & t_3 \leq t \leq V_3 - 19.11 + t_3 \\ 61.54\tan\left[0.01 \times (t_3 + V_3 - 19.11 - t) + 0.37\right] - 4.78 & t > V_3 - 19.11 + t_3 \end{cases} \tag{1.16}$$

$$v_4 = 61.54\tan\left[0.01 \times (t_3 - t) + \arctan(0.02V_3 + 0.08)\right] - 4.78 \tag{1.17}$$

因为 $S_4 = \int_{t_3}^{t_4} v_4 \mathrm{d}t$，而且制动终点和制动过程是固定的，所以可以倒推得到距离终点路程和距离制动结束时间的关系，如图1.11所示，并通过拟合降次，得到 S_4 的表达式，见式（1.18）：

$$S_4 = 0.46(t-t_3)^2 - 0.30(t-t_3) + 0.68 \tag{1.18}$$

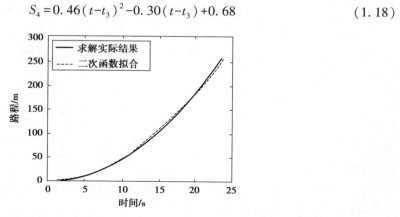

图1.11　列车距离终点的路程和距离制动结束时间的关系图及拟合函数图

2）单列车节能运行优化控制模型的建立

①建立以总能耗最低为目标的函数.

总能耗 E 由牵引阶段的牵引力做的功 E_{F_1} 和巡航阶段的牵引力做的功 E_{F_2} 组成. 同时，牵引力做功等于牵引阶段和巡航阶段克服阻力做的功和巡航阶段的动能组成，目标函数见式（1.19）：

$$\min E = E_{F_1} + E_{F_2} = E_{W_1} + E_{W_2} + \frac{1}{2}MV_2^2 \tag{1.19}$$

其中，牵引阶段摩擦力做的功为：

$$E_{W_1} = \int_0^{t_1} W_1 v_1 \mathrm{d}t = \int_0^{6.68} \left[A + B \times (3.6t) + C \times (3.6t)^2 \right] t \mathrm{d}t +$$

$$\int_{6.68}^{t_1} \left[A + B \times 3.6v_1 + C \times (3.6v_1)^2 \right] v_1 \mathrm{d}t$$

$$v_1 = 1.14 \times 10^{-4} t^3 - 0.02t^2 + 0.90t + 1.75$$

代入得

$$E_{W_1} = 150\,261.7 + 5.13 \times (100t_1 - 667) \times (1.28 \times 10^{-14} t_1^9 - 5.85 \times 10^{-12} t_1^8 +$$

$$1.27 \times 10^{-9} t_1^7 - 1.59 \times 10^{-7} t_1^6 + 1.20 \times 10^{-5} t_1^5 - 4.76 \times 10^{-4} t_1^4 + \tag{1.20}$$

$$4.00 \times 10^{-3} t_1^3 + 3.18 \times 10^{-1} t_1^2 + 7.20t_1 + 64.26)$$

巡航阶段摩擦力做的功为：

$$E_{W_2} = \int_{t_1}^{t_2} W_2 V_2 \mathrm{d}t = (t_2 - t_1) \left[A + B \times (3.6V_2) + C \times (3.6V_2)^2 \right] V_2$$

$$V_2 = 1.138\,8 \times 10^{-4} t_1^3 - 0.015\,8t_1^2 + 0.903\,8t_1 + 1.751\,7$$

代入得

$$E_{W_2} = (t_2 - t_1)(-4.59 \times 10^{-14} t_1^9 - 1.44 \times 10^{-11} t_1^8 + 2.82 \times 10^{-9} t_1^7 -$$

$$3.16 \times 10^{-7} t_1^6 + 2.11 \times 10^{-5} t_1^5 - 7.49 \times 10^{-4} t_1^4 + 7.73 \times 10^{-3} t_1^3 + \tag{1.21}$$

$$0.24t_1^2 + 2.74t_1 + 4.37)$$

②总路程为两车站间距离的约束：

$$\begin{cases} S_1 + S_2 + S_3 + S_4 = 135\ 4 \\ S_1 = 2.85 \times 10^{-5} t_1^4 - 5.27 \times 10^{-3} t_1^3 + 0.45 t_1^2 + 1.75 t_1 - 30.35 \\ S_2 = V_2(t_2 - t_1) \\ S_3 = \int_{t_2}^{t_3} \{ -8.00\tan[1.83 \times 10^{-3}(t - t_2) - \arctan(0.125\ 1 \times V_2 + 0.598\ 2)] - 4.781 \} \mathrm{d}t \\ S_4 = 0.46(t_4 - t_3)^2 - 0.30(t_4 - t_3) + 0.68 \\ V_2 = 1.14 \times 10^{-4} t_1^3 - 0.02 t_1^2 + 0.90 t_1 + 1.75 \end{cases} \quad (1.22)$$

③总运行时间为110 s的约束：

$$0 < t_1 < t_2 < t_3 < t_4 = 110 \quad (1.23)$$

④最大运行速度小于80 km/h的约束.

由表1.1可知,当牵引时间小于54.37 s时,速度可低于限速80 km/h.

$$t_1 < 54.37 \quad (1.24)$$

综上所述,单列车节能运行优化控制模型为：

$$\min E = E_{W_1} + E_{W_2} + \frac{1}{2} M V_2^2$$

$$\text{s.t.} \begin{cases} E_{W_1} = 150\ 261.7 + 5.13 \times (100 t_1 - 667) \times (1.28 \times 10^{-14} t_1^9 - 5.85 \times 10^{-12} t_1^8 + \\ \qquad 1.27 \times 10^{-9} t_1^7 - 1.59 \times 10^{-7} t_1^6 + 1.20 \times 10^{-5} t_1^5 - 4.76 \times 10^{-4} t_1^4 + \\ \qquad 400 \times 10^{-3} t_1^3 + 3.18 \times 10^{-1} t_1^2 + 7.20 t_1 + 64.26) \\ E_{W_1} = (t_2 - t_1)(-4.59 \times 10^{-14} t_1^9 - 1.44 \times 10^{-11} t_1^8 + 2.82 \times 10^{-9} t_1^7 - \\ \qquad 3.16 \times 10^{-7} t_1^6 + 2.11 \times 10^{-5} t_1^5 - 7.49 \times 10^{-4} t_1^4 + \\ \qquad 7.73 \times 10^{-3} t_1^3 + 0.24 t_1^2 + 2.74 t_1 + 4.37) \\ S_1 + S_2 + S_3 + S_4 = 1\ 354 \\ S_1 = 2.85 \times 10^{-5} t_1^4 - 5.27 \times 10^{-3} t_1^3 + 0.45 t_1^2 + 1.75 t_1 - 30.35 \\ S_2 = V_2(t_2 - t_1) \\ S_3 = \int_{t_2}^{t_3} \{ -8.00\tan[1.83 \times 10^{-3}(t - t_2) - \arctan(0.125\ 1 \times V_2 + 0.598\ 2)] - \\ \qquad 4.781 \} \mathrm{d}t \\ S_4 = 0.46(t_4 - t_3)^2 - 0.30(t_4 - t_3) + 0.68 \\ V_2 = 1.14 \times 10^{-4} t_1^3 - 0.02 t_1^2 + 0.90 t_1 + 1.75 \\ 0 < t_1 < t_2 < t_3 < t_4 = 110 \\ t_1 < 54.37 \end{cases} \quad (1.25)$$

模型点评:单列车节能运行优化控制的目标函数正确,约束条件中的4个阶段路程计算准确.

(2)节能优化模型的求解

整理题目中给出的从车站 A_6 到车站 A_7 的相关数据,见表1.2.

表 1.2　车站 A_6 到车站 A_7 的路线参数

起始公里标	坡度	限速/(km·h^{-1})	曲线半径/m	终点公里标	路程/m
13 594(车站 A_6)	0	55	0	13 474	120
13 474	0	80	0	13 290	184
13 290	1.8	80	0	12 910	380
12 910	−3.5	80	0	12 290	620
12 290	0	80	0	12 240(车站 A_7)	50

在 13 594—13 474 处,分析全力牵引是否会突破 55 km/h 的限速.

当速度为 55 km/h 时,$t = 22.37$ s,代入式(1.9),分段求积分得到路程:

$$S_1 = \int_0^{6.68} t\mathrm{d}t + \int_{6.68}^{22.37} (1.138\ 8 \times 10^{-4} t^3 - 0.015\ 8t^2 + 0.903\ 8t + 1.751\ 7)\mathrm{d}t = 205.46\ \text{m}$$

距起点 205.46 m,速度到达 55 km/h,在 120 m 的路程内全力牵引并不会超速.

对式(1.25),为求得全局最优解,争取通过迭代算法求解[2,3],具体流程如图 1.12 所示.

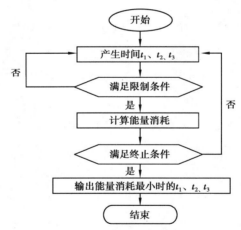

图 1.12　优化模型的逐步迭代算法流程图

在满足时间限制条件下,随机产生初始时间 t_1、t_2、t_3,计算列车的能量消耗. 然后对 t_1、t_2、t_3 进行初步迭代,计算列车能量消耗,并对能量消耗是否最优进行再判断,从而进行再一次迭代,计算寻优. 本文所使用的算法选取的循环终止条件设定为最大的迭代次数 1 000,退出搜索,将能量消耗进行比较,输出能量消耗最少的列车运行方案. 用 MATLAB 编程计算,得到的规划结果为:

$$\begin{cases} t_1 = 20.83 \\ t_2 = 93.72 \\ t_3 = 93.728 \\ S = 1\ 359.04 \\ E = 6.594\ 9 \end{cases}$$

即无惰行时,列车行驶最节能. 中间含有坡度、曲率的路段,适当增加牵引力,保持巡航状态.

根据每个阶段,速度-时间、距离-时间的函数关系,可以得到距离-速度的关系,见式(1.26)—式(1.29). 最节能运行的速度距离曲线图如图1.13所示.

◆ $0 \leqslant t \leqslant 6.68$ s 牵引阶段匀加速阶段:

$$\begin{cases} v = t \\ S = \int_0^t t\mathrm{d}t = \frac{1}{2}t^2 \end{cases} \quad (1.26)$$

◆ 6.68 s$<t\leqslant20.83$ s 牵引阶段变加速阶段:

$$\begin{cases} v = 1.138\,8\times10^{-4}t^3 - 0.015\,8t^2 + 0.903\,8t + 1.751\,7 \\ S = 2.847\times10^{-5}t^4 - 5.267\times10^{-3}t^3 + 0.451\,9t^2 + 1.752t - 30.35 \end{cases} \quad (1.27)$$

◆ 20.83 s$<t\leqslant93.72$ s 巡航阶段:

$$\begin{cases} v = 14.75 \\ S = 14.75\times(t-20.83) + 159.98 \end{cases} \quad (1.28)$$

◆ 93.72 s$<t\leqslant110$ s 制动阶段:

$$\begin{cases} v = 61.54\tan(1.631 - 0.014\,12t) - 4.781 \\ S = \int_{93.72}^t v\mathrm{d}t + 1\,235.25 \end{cases} \quad (1.29)$$

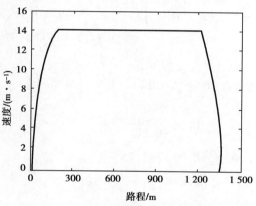

图1.13 最节能运行的速度距离曲线

1.5.1.2 单列车站间停靠的最节能运行模型

如果将"牵引—巡航—惰行—制动"视为一个周期,那么本问题则是在上一问的基础上,将一个周期拓展为两个周期,模型和思路类似. 单列车运行暂时不考虑能量的回收利用问题. 根据问题(1)的结论,在没有惰行时,列车总能耗最小. 从车站 A_6 到车站 A_8 需要经历牵引、巡航、制动、牵引、巡航、制动共6个阶段. 设第 i 个阶段末的时刻为 τ_i,第 i 个阶段运行路程为 L_i. 基于式(1.25),作以下调整:

①建立以两个周期的总能耗最低为目标的函数:

$$\min E = E_{W_1} + E_{W_2} + \frac{1}{2}MV_2^2 + E_{W_4} + E_{W_5} + \frac{1}{2}MV_5^2$$

②总路程为 A_6 和 A_8 车站间距离的约束:

$$L_1 + L_2 + L_3 + L_4 + L_5 + L_6 = 2\,634$$

③总运行时间为220 s 的约束：

$$0 < \tau_1 < \tau_2 < \tau_3 < \tau_4 < \tau_5 < \tau_6 = 220$$

综上所述,得到单列车站间停靠的最节能运行模型见式(1.30)：

$$\min \ E = E_{W_1} + E_{W_2} + \frac{1}{2}MV_2^2 + E_{W_4} + E_{W_5} + \frac{1}{2}MV_5^2$$

$$\text{s. t.} \begin{cases}
E_{W_1} = 150\,261.7 + 5.13 \times (100\,\tau_1 - 667) \times (1.28 \times 10^{-14}\,\tau_1^9 - 5.85 \times 10^{-12}\,\tau_1^8 + \\
\qquad 1.27 \times 10^{-9}\,\tau_1^7 - 1.59 \times 10^{-7}\,\tau_1^6 + 1.20 \times 10^{-5}\,\tau_1^5 - 4.76 \times 10^{-4}\,\tau_1^4 + \\
\qquad 4.00 \times 10^{-3}\,\tau_1^3 + 3.18 \times 10^{-1}\,\tau_1^2 + 7.20\,\tau_1 + 64.26) \\
E_{W_2} = (\tau_2 - \tau_1)(-4.59 \times 10^{-14}\,\tau_1^9 - 1.44 \times 10^{-11}\,\tau_1^8 + 2.82 \times 10^{-9}\,\tau_1^7 - 3.16 \times 10^{-7}\,\tau_1^6 + \\
\qquad 2.11 \times 10^{-5}\,\tau_1^5 - 7.49 \times 10^{-4}\,\tau_1^4 + 7.73 \times 10^{-3}\,\tau_1^3 + 0.24\,\tau_1^2 + 2.74\,\tau_1 + 4.37) \\
E_{W_4} = 150\,261.7 + 5.13 \times [100(\tau_4 - \tau_3) - 667] \times [1.28 \times 10^{-14}(\tau_4 - \tau_3)^9 - \\
\qquad 5.85 \times 10^{-12}(\tau_4 - \tau_3)^8 + 1.27 \times 10^{-9}(\tau_4 - \tau_3)^7 - 1.59 \times 10^{-7}(\tau_4 - \tau_3)^6 + \\
\qquad 1.20 \times 10^{-5}(\tau_4 - \tau_3)^5 - 4.76 \times 10^{-4}(\tau_4 - \tau_3)^4 + 4.00 \times 10^{-3}(\tau_4 - \tau_3)^3 + \\
\qquad 3.18 \times 10^{-1}(\tau_4 - \tau_3)^2 + 7.20(\tau_4 - \tau_3) + 64.26] \\
E_{W_5} = (\tau_5 - \tau_4)[-4.59 \times 10^{-14}(\tau_4 - \tau_3)^9 - 1.44 \times 10^{-11}(\tau_4 - \tau_3)^8 + 2.82 \times 10^{-9}(\tau_4 - \tau_3)^7 - \\
\qquad 3.16 \times 10^{-7}(\tau_4 - \tau_3)^6 + 2.11 \times 10^{-5}(\tau_4 - \tau_3)^5 - 7.49 \times 10^{-4}(\tau_4 - \tau_3)^4 + \\
\qquad 7.73 \times 10^{-3}(\tau_4 - \tau_3)^3 + 0.24(\tau_4 - \tau_3)^2 + 2.74(\tau_4 - \tau_3) + 4.37] \\
L_1 + L_2 + L_3 + L_4 + L_5 + L_6 = 2\,634 \\
L_1 = 2.85 \times 10^{-5}\,\tau_1^4 - 5.27 \times 10^{-3}\,\tau_1^3 + 0.45\,\tau_1^2 + 1.75\,\tau_1 - 30.35 \\
L_2 = V_2(\tau_2 - \tau_1) \\
L_3 = 0.46(\tau_3 - \tau_2)^2 - 0.30(\tau_3 - \tau_2) + 0.68 \\
V_2 = 1.14 \times 10^{-4}\,\tau_1^3 - 0.02\,\tau_1^2 + 0.90\,\tau_1 + 1.75 \\
L_4 = 2.85 \times 10^{-5}(\tau_4 - \tau_3)^4 - 5.27 \times 10^{-3}(\tau_4 - \tau_3)^3 + 0.45(\tau_4 - \tau_3)^2 + 1.75(\tau_4 - \tau_3) - 30.35 \\
L_5 = V_5(\tau_5 - \tau_4) \\
L_6 = 0.46(\tau_6 - \tau_5)^2 - 0.30(\tau_6 - \tau_5) + 0.68 \\
V_5 = 1.14 \times 10^{-4}(\tau_4 - \tau_3)^3 - 0.02(\tau_4 - \tau_3)^2 + 0.90(\tau_4 - \tau_3) + 1.75 \\
0 < \tau_1 < \tau_2 < \tau_3 < \tau_4 < \tau_5 < \tau_6 = 220 \\
\tau_1 < 54.37 \\
\tau_4 - \tau_3 < 54.37
\end{cases} \tag{1.30}$$

模型点评：该模型将三站之间按照两个周期的方式进行处理,可以在前一个模型的基础上进行改进,使问题得以简化,模型各参数给出比较详细,便于计算.但就模型描述而言,可以增加其概括性,从而具有更好的推广性.

按照逐步迭代算法求解,结果为：

$$\begin{cases} \tau_1 = 19.59 \\ \tau_2 = 96.8465 \\ \tau_3 = 112.5965 \\ \tau_4 = 132.1865 \\ \tau_5 = 204.25 \\ \tau_6 = 220 \\ E = 23.1683 \end{cases}$$

那么,在含有坡度、曲率的路段,适当增加牵引力,保持巡航状态. 根据每个阶段中的速度-时间,距离-时间的函数关系,可以得到距离-速度的关系. 单列车站间停靠的最节能运行的速度距离曲线如图 1.14 所示.

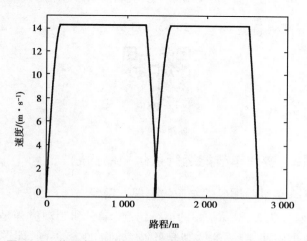

图 1.14 单列车站间停靠的最节能运行的速度距离曲线图

◆ $0 \le \tau \le 6.68$ s 牵引阶段匀加速阶段:

$$\begin{cases} v = \tau \\ L = \int_0^t \tau \, d\tau = \frac{1}{2}\tau^2 \end{cases}$$

◆ 6.68 s $< \tau \le 19.59$ s 牵引阶段变加速阶段:

$$\begin{cases} v = 1.1388 \times 10^{-4} \tau^3 - 0.0158 \tau^2 + 0.9038 \tau + 1.7517 \\ L = 2.847 \times 10^{-5} \tau^4 - 5.267 \times 10^{-3} \tau^3 + 0.4519 \tau^2 + 1.752 \tau - 30.35 \end{cases}$$

◆ 19.59 s $< \tau \le 96.8465$ s 巡航阶段:

$$\begin{cases} v = 14.2498 \\ L = 14.2498 \times (\tau - 19.59) + 141.9921 \end{cases}$$

◆ 96.8465 s $< \tau \le 112.2965$ s 制动阶段:

$$\begin{cases} v = 61.54\tan(1.668 - 0.01412\tau) - 4.781 \\ L = \int_{96.8465}^{\tau} v \, d\tau + 1205.8790 \end{cases}$$

车站停靠后重新启动.

◆ 112.5965 s $< \tau \le 119.2765$ s 牵引阶段的匀加速阶段:

$$\begin{cases} v = \tau - 112.596\ 5 \\ L = \int_0^\tau (\tau - 112.596\ 5)\, \mathrm{d}\tau = \dfrac{1}{2}(\tau - 112.596\ 5)^2 \end{cases}$$

◆ 119.276 5 s $< \tau \le$ 132.186 5 s 牵引阶段的变加速阶段：

$$\begin{cases} v = 1.139 \times 10^{-4}\tau^3 - 0.054\ 27\tau^2 + 8.793\tau - 462.9 \\ L = 2.847 \times 10^{-5}\tau^4 - 0.018\ 09\tau^3 + 1.397\tau^2 - 462.9\tau + 17\ 600 \end{cases}$$

◆ 132.186 5 s $< \tau \le$ 204.25 s 巡航阶段：

$$\begin{cases} v = 14.249\ 8 \\ L = 14.249\ 8 \times (\tau - 132.186\ 5) + 1\ 495.992\ 1 \end{cases}$$

◆ 204.25 s $< \tau \le$ 220 s 制动阶段：

$$\begin{cases} v = 61.54\tan(3.184 - 0.014\ 12\tau) - 4.781 \\ L = \int_{204.25}^\tau v\, \mathrm{d}\tau + 2\ 485.933\ 9 \end{cases}$$

问题一的程序

1.5.2　问题二：多列车节能运行优化控制问题

1.5.2.1　多列车总能耗最低的发车间隔规划模型

首先计算单个列车从 A_1 到 A_{14} 站的运行情况．牵引和制动过程是恒定的，整个运行过程相当于重复 13 个周期，唯一的区别是各站点间的距离不同，即巡航的时间不同，示意图如图 1.15 所示．将整个运行过程看作 13 个相同的周期，即站间距离相等，便于计算，再根据站间距离调整运行安排．

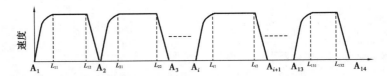

图 1.15　单个列车途经 A_1 到 A_{14} 车站的运行示意图

利用问题一中的规划模型，可计算单个列车在单一周期中最节能的运行模式．

调整之处：

①单个周期的运行总时间 τ_3 等于总运行时间减去停靠时间再除以 13．其中，停靠时间以最小停车时间 30 s 计算．当有列车延误的时候，为防止追尾，可以通过延长后一辆车的停车时间来校正延误．

$$\tau_3 = \frac{2\ 086 - 30 \times 12}{13} = 132.77$$

②单个周期的运行距离为 $\dfrac{22\ 728}{13} = 1\ 748.31$ m，即为各阶段的距离之和．

$$L_1 + L_2 + L_3 = 1\ 748.31$$

综上,调整后

$$\min E = E_{W_1} + E_{W_2} + \frac{1}{2}MV_2^2$$

$$\text{s. t.} \begin{cases} E_{W_1} = 150\ 261.7 + 5.13 \times (100\ \tau_1 - 667) \times (1.28 \times 10^{-14}\ \tau_1^9 - 5.85 \times 10^{-12}\ \tau_1^8 + \\ \qquad 1.27 \times 10^{-9}\ \tau_1^7 - 1.59 \times 10^{-7}\ \tau_1^6 + 1.20 \times 10^{-5}\ \tau_1^5 - 4.76 \times 10^{-4}\ \tau_1^4 + \\ \qquad 4.00 \times 10^{-3}\ \tau_1^3 + 0.318\ \tau_1^2 + 7.20\ \tau_1 + 64.26) \\ E_{W_2} = (\tau_2 - \tau_1)(-4.59 \times 10^{-14}\ \tau_1^9 - 1.44 \times 10^{-11}\ \tau_1^8 + 2.82 \times 10^{-9}\ \tau_1^7 - 3.16 \times 10^{-7}\ \tau_1^6 + \\ \qquad 2.11 \times 10^{-5}\ \tau_1^5 - 7.49 \times 10^{-4}\ \tau_1^4 + 7.73 \times 10^{-3}\ \tau_1^3 + 0.24\ \tau_1^2 + 2.74\ \tau_1 + 4.37) \\ L_1 + L_2 + L_3 = 1\ 748.31 \\ L_1 = 2.85 \times 10^{-5}\ \tau_1^4 - 5.27 \times 10^{-3}\ \tau_1^3 + 0.45\ \tau_1^2 + 1.75\ \tau_1 - 30.35 \\ L_2 = V_2(\tau_2 - \tau_1) \\ L_3 = 0.46(\tau_3 - \tau_2)^2 - 0.30(\tau_3 - \tau_2) + 0.678 \\ V_2 = 1.14 \times 10^{-4}\ \tau_1^3 - 0.02\ \tau_1^2 + 0.90\ \tau_1 + 1.75 \\ \tau_3 = 132.77 \end{cases} \quad (1.31)$$

用 MATLAB 编程计算,得到的规划结果:

$$\begin{cases} \tau_1 = 22.45 \\ \tau_2 = 115.85 \end{cases}$$

即每两站之间,牵引时间为 22.45 s,牵引距离为 184.42 m;制动时间为 16.92 s,制动距离为 128.47 m。

综上,可以得到从 0 时刻出发,第 1 辆列车的运行时刻表,见表 1.3。

表 1.3　第 1 辆列车的运行时刻表　　　　　　　　（单位:s）

开始牵引时间	牵引结束 开始巡航	巡航结束 开始制动	到站时间	发车时间
0.00	22.45	88.90	105.81	135.81
135.81	158.26	221.58	238.50	268.50
268.50	290.95	406.33	423.24	453.24
453.24	475.69	602.72	619.63	649.63
649.63	672.08	803.86	820.77	850.77
850.77	873.22	940.97	957.88	987.88
987.88	1 010.34	1 073.27	1 090.18	1 120.18
1 120.18	1 142.63	1 222.35	1 239.27	1 269.27
1 269.27	1 291.72	1 335.97	1 352.89	1 382.89
1 382.89	1 405.34	1 513.95	1 530.86	1 560.86
1 560.86	1 583.32	1 716.91	1 733.83	1 763.83
1 763.83	1 786.28	1 848.88	1 865.80	1 895.80
1 895.80	1 918.25	2 069.09	2 086.00	

根据以上时刻表进行操作,第 i 列车的行驶时刻表,各个时间点 $T + \sum\limits_{i=1}^{99} h_i$.

为了提高再生能量的利用率,必须提高列车制动时间和牵引时间的重叠时间. 根据题目要求,100 辆列车,于 63 900 s 全部发车完毕. 那么,大约平均 63 900/99 = 645.454 5 s 发一次车.

一次行车时间为 2 086 s. 相当于轨道上可能存在 2 086/645.454 5 = 3.231 8 个,即 3 ~ 4 辆车同时存在于轨道之上. 以 4 辆车为例,讨论发车的策略.

构建列车运行总能耗最低的发车间隔模型.

①以回收能量最多为目标函数

$$\max f = \sum_{k=1}^{13} \sum_{i,j=1 \& i \neq j}^{100} E_{\text{used}}^{(ijk)} x_{ijk}$$

其中,$E_{\text{used}}^{(ijk)}$ 表示第 i 列车在第 k 次制动时被第 j 列车利用的再生能量.

②第 i 列车回收的能量大于等于输送给其他列车的能量的约束

$$E_{\text{reg}}^{(i)} \geqslant \sum_{j} \sum_{k=1}^{13} E_{\text{used}}^{(ijk)} t_{\text{used}}^{(ijk)}$$

$$|i-j| \leqslant 3$$

$$t_{\text{used}}^{(ijk)} = \frac{t_{\text{overlap}}^{(ijk)}}{t_{\text{brake}}^{(ip)}}, (p = 1, 2, \cdots, 13 \ \& \ k = 1, 2, \cdots, 13)$$

③第一列列车发车时间和最后一列列车的发车时间之间间隔

$$\sum_{i=1}^{99} h_i = 63\ 900$$

$$h_{100} = 0$$

④运行周期 T_{ip} 求和满足从 A_1 站到 A_{14} 站的总运行时间不变

$$T_{ip} = t_{1p} + t_{2p} + t_{3p}$$

$$t_{1p} = 22.45$$

$$t_{3p} = 16.92$$

$$\sum_{p=1}^{13} t_{2p} = 2\ 086 - 13 \times 22.45 - 13 \times 16.92 = 1\ 574.19$$

⑤运行周期、发车间隔与重叠时间之间的关系

$$\sum_{q=0}^{m} T_{i,p} - \sum_{q=0}^{m} h_i = T_{\text{overlap}}^{(i,i+m+1,p)}$$

$$m = 0, 1, 2, 3$$

⑥判别变量 $x_{ijk} = \begin{cases} 0 & \text{no overlap} \\ 1 & \text{overlap} \end{cases}$ 表示第 i 列车在第 k 次制动中是否与第 j 列车产生能量交换

综上所述,列车运行总能耗最低的发车间隔模型为:

$$\max f = \sum_{k=1}^{13} \sum_{i,j=1 \& i \neq j}^{100} E_{\text{used}}^{(ijk)} x_{ijk}$$

$$\text{s. t.}\begin{cases} E_{\text{reg}}^{(i)} \geqslant \sum\limits_{j} \sum\limits_{k=1}^{13} E_{\text{used}}^{(ijk)} t_{\text{used}}^{(ijk)} \\ |i-j| \leqslant 3 \\ i = 1,2,\cdots,100 \\ j = 1,2,\cdots,100 \\ t_{\text{used}}^{(ijk)} = \dfrac{t_{\text{overlap}}^{(ijk)}}{t_{\text{brake}}^{(ip)}}, (p=1,2,\cdots,13 \ \& \ k=1,2,\cdots,13) \\ \sum\limits_{i=1}^{99} h_i = 63\,900 \\ h_{100} = 0 \\ T_{ip} = t_{1p} + t_{2p} + t_{3p} \\ t_{1p} = 22.45 \\ t_{3p} = 16.92 \\ \sum\limits_{p=1}^{13} t_{2p} = 2\,086 - 13 \times 22.45 - 13 \times 16.92 = 1\,574.19 \\ \sum\limits_{q=0}^{m} T_{i,p} - \sum\limits_{q=0}^{m} h_i = T_{\text{overlap}}^{(i,i+m+1,p)} \\ m = 0,1,2,3 \\ x_{ijk} = \begin{cases} 0 \ \text{no overlap} \\ 1 \ \text{overlap} \end{cases} \end{cases} \qquad (1.32)$$

模型点评:模型约束了实际运行的时间间隔,符合实际运行需求. 同时考虑能量交换、能量回收条件、运行周期等限制,是比较全面的优化模型.

利用如图 1.13 所示的逐步迭代算法,计算结果如下:

$$\begin{cases} h_{1+3n} = 578.86 \text{ s} \\ h_{2+3n} = 575.59 \text{ s} \\ h_{3+3n} = 760.89 \text{ s} \end{cases} \qquad (n=0,1,\cdots,32)$$

根据题意,总的再生能量为:

$$E_{\text{used}} = \frac{E_{\text{reg}}}{t_{\text{brake}}} K = \frac{95\%(E_{\text{mech}} - E_{\text{f}})}{t_{\text{brake}}} K$$

代入结果,回收的总能量为:

$$E_{\text{used}} = 250.57 \text{ kW} \cdot \text{h}$$

占一天总消耗能量 1 274.69 kW·h 的 19.66%.

1.5.2.2 考虑早晚高峰的多列车总能耗最低的发车间隔规划模型

依题,列车之间的重叠时间越大,回收的能量越多. 当轨道上存在列车数量增加时,重叠时间必然增加.

在高峰期,为了满足发车时间的要求,需要派出尽量多的列车,那么存在于轨道上的列车数量增加.

高峰期,派车的最小间隔时间为 2 min,当以 2 min 为发车间隔时,早、晚高峰需要派出的车辆数目分别是:(12 600−7 200)/120 = 45 和(50 400−43 200)/120 = 60 即 45+1+60+1 = 107 辆列车在高峰期被派出.

在非高峰期,则需要派出 240−107 = 133 辆列车,相邻两辆列车的发车间隔时间平均为 51 300/134 = 382.835 8 s. 在早高峰前、早晚高峰期间、晚高峰之后 3 个阶段,按照 3 个阶段持续时间占总体非高峰时间的比例分派 133 辆列车.

综上,各个阶段派出的车辆为:

0 ~ 7 200 s,派出 18.807 0 辆,即 19 辆,平均发车间隔约 378.95 s.

7 200 ~ 12 600 s(早高峰期),派出 45 辆,发车间隔约 120 s.

12 600 ~ 43 200 s,派出 79.929 8 辆,即 80 辆,发车间隔约 382.50 s.

43 200 ~ 50 400 s(晚高峰期),派出 60 辆,发车间隔约 120 s.

50 400 ~ 63 900 s,派出 35.263 2 辆,即 36 辆,发车间隔约 375 s.

首先讨论早高峰期,发车间隔要求为 120 ~ 150 s,需要派出的车辆数在 $[2\ 086/150,$ $2\ 086/120]$ 区间,即 $[13.906\ 7,17.383\ 3]$ 之间.那么可能有 13 ~ 18 辆列车同时存在于轨道上.

如前所述,当轨道上存在列车数量增加时,重叠时间增加,回收的能量增多.在保证有 17 辆列车在轨道上运行的前提下,尽量使第 18 辆列车在铁轨上运行.当轨道上有 17 辆列车时,发车间隔取值为 $2\ 086/17 = 122.705\ 9$ s.可以理解早高峰期发车间隔时间范围设定为 $[120\ \mathrm{s}, 122.705\ 9\ \mathrm{s}]$.

即增加约束条件:

$120 \leqslant h_i \leqslant 150, i = 20,21,\cdots,64,65$ or $i = 145,146,\cdots,204,205$

$h_i \geqslant 300, i = 1,2,\cdots,18,19$ or $i = 66,67,\cdots,143,144$ or $i = 206,207,\cdots,238,239$

综上,模型为:

$$\max f = \sum_{k=1}^{13} \sum_{i,j=1 \& i \neq j}^{240} E_{\mathrm{used}}^{(ijk)} x_{ijk}$$

$$\text{s. t.} \begin{cases} E_{\mathrm{reg}}^{(i)} \geqslant \sum_j \sum_{k=1}^{13} E_{\mathrm{used}}^{(ijk)} t_{\mathrm{used}}^{(ijk)} \\ |i-j| \leqslant 3 \\ i = 1,2,\cdots,240 \\ j = 1,2,\cdots,240 \\ t_{\mathrm{used}}^{(ijk)} = \dfrac{t_{\mathrm{overlap}}^{(ijk)}}{t_{\mathrm{brake}}^{(ip)}}, (p = 1,2,\cdots,13 \ \& \ k = 1,2,\cdots,13) \\ \sum_{i=1}^{239} h_i = 63\ 900 \\ 120 \leqslant h_i \leqslant 150, i = 20,21,\cdots,64,65 \text{ or } i = 145,146,\cdots,204,205 \\ h_i \geqslant 300, i = 1,2,\cdots,18,19 \text{ or } i = 66,67,\cdots,143,144 \text{ or } i = 206,207,\cdots,238,239 \\ h_{240} = 0 \\ T_{ip} = t_{1p} + t_{2p} + t_{3p} \\ t_{1p} = 22.45 \\ t_{3p} = 16.92 \\ \sum_{p=1}^{13} t_{2p} = 2\ 086 - 13 \times 22.45 - 13 \times 16.92 = 1\ 574.19 \\ \sum_{q=0}^{m} T_{i,p} - \sum_{q=0}^{m} h_i = T_{\mathrm{overlap}}^{(i,i+m+1,p)} \\ m = 0,1,2,3 \\ x_{ijk} = \begin{cases} 0 & \text{no overlap} \\ 1 & \text{overlap} \end{cases} \end{cases} \tag{1.33}$$

模型点评:早高峰主要从时间上进行约束,处理简单且符合实际情况.

◆ 早高峰期前 18 辆列车的发车间隔,之后列车发动时间为此过程的循环:

$h_1 = 120.142\ 2$

$h_2 = 120.311\ 9$

$h_3 = 120.396\ 8$

$h_4 = 120.362\ 7$

$h_5 = 120.032\ 3$

$h_6 = 123.436\ 9$

$h_7 = 121.440\ 2$

$h_8 = 122.861\ 7$

$h_9 = 123.111\ 6$

$h_{10} = 124.113\ 5$

$h_{11} = 122.695\ 6$

$h_{12} = 122.146\ 9$

$h_{13} = 123.432\ 3$

$h_{14} = 123.865\ 3$

$h_{15} = 120.304\ 5$

$h_{16} = 120.104\ 3$

$h_{17} = 123.022\ 3$

$h_{18} = 143.726\ 6$

$K = 1.102\ 7 \times 10^5$

平均发车间隔:123.08 s.

◆ 晚高峰期:

$h_1 = 120.195\ 3$

$h_2 = 120.233\ 2$

$h_3 = 120.231\ 5$

$h_4 = 120.447\ 2$

$h_5 = 120.329\ 3$

$h_6 = 121.127\ 3$

$h_7 = 121.070\ 8$

$h_8 = 121.517\ 1$

$h_9 = 121.947\ 6$

$h_{10} = 120.365\ 2$

$h_{11} = 121.236\ 7$

$h_{12} = 121.836\ 4$

$h_{13} = 120.639\ 2$

$h_{14} = 120.481\ 4$

$h_{15} = 120.748\ 1$

$h_{16} = 121.442\ 6$

$h_{17} = 121.608\ 7$

$h_{18} = 144.063\ 8$

$K = 1.115\ 2 \times 10^5$

◆ 非高峰期:如前所述,按照这 3 个阶段的持续时间占总的非高峰期时间的比例分配剩余的车辆.

0 ~ 7 200 s,派出 19 辆车,19 个间隔,平均发车间隔约 378.95 s.

12 600 ~ 43 200 s,派出 80 辆车,80 个间隔,平均发车间隔约 382.5 s.

50 400 ~ 63 900 s,派出 36 辆车,36 个间隔,平均发车间隔约 375 s.

大约有 2 086/380 = 5.49 辆车,即保证 5 辆车,可能 6 辆车.

• 0 ~ 7 200 s:

$h_1 = 385.404\ 2$

$h_2 = 398.472\ 9$

$h_3 = 398.088\ 2$

$h_4 = 365.099\ 9$

$h_5 = 391.617\ 2$

$h_6 = 332.849\ 6$

$K = 4.067\ 2 \times 10^4$

• 12 600 ~ 43 200 s:

$h_1 = 385.926\ 7$

$h_2 = 398.026\ 9$

$h_3 = 398.280\ 3$

$h_4 = 376.338\ 7$

$h_5 = 363.954\ 7$

$h_6 = 371.014\ 8$

$K = 4.067\ 6 \times 10^4$

• 50 400 ~ 63 900 s:

$h_1 = 385.358\ 6$

$h_2 = 398.677\ 6$

$h_3 = 398.871\ 6$

$h_4 = 394.445\ 6$

$h_5 = 369.297\ 5$

$h_6 = 303.349\ 1$

$K = 4.068\ 3 \times 10^4$

表 1.4　列车全天发车时间表(单位:s)

编号	间隔	发车时间	编号	间隔	发车时间	编号	间隔	发车时间	编号	间隔	发车时间	编号	间隔	发车时间
1	无	0.00	6	391.62	1 938.68	11	365.10	3 818.59	16	398.09	5 725.02	21	120.14	7 320.13
2	385.40	385.40	7	332.85	2 271.53	12	391.62	4 210.21	17	365.10	6 090.12	22	120.31	7 440.44
3	398.47	783.87	8	385.40	2 656.93	13	332.85	4 543.06	18	391.62	6 481.74	23	120.40	7 560.84
4	398.09	1 181.96	9	398.47	3 055.40	14	385.40	4 928.46	19	332.85	6 814.59	24	120.36	7 681.20
5	365.10	1 547.06	10	398.09	3 453.49	15	398.47	5 326.93	**20**	**385.40**	**7 199.99**	25	120.03	7 801.23

续表

编号	间隔	发车时间	编号	间隔	发车时间	编号	间隔	发车时间	编号	间隔	发车时间	编号	间隔	发车时间
26	123.44	7 924.67	67	398.51	13 781.81	108	397.81	29 039.99	149	120.45	43 680.98	190	121.95	48 686.06
27	121.44	8 046.11	68	386.86	14 168.67	109	398.51	29 438.50	150	120.33	43 801.31	191	120.37	48 806.43
28	122.86	8 168.97	69	387.02	14 555.69	110	386.86	29 825.36	151	121.13	43 922.44	192	121.24	48 927.67
29	123.11	8 292.08	70	337.88	14 893.57	111	387.02	30 212.38	152	121.07	44 043.51	193	121.84	49 048.91
30	124.11	8 416.19	71	385.52	15 279.09	112	337.88	30 550.26	153	121.52	44 165.03	194	120.64	49 169.55
31	122.70	8 538.89	72	397.81	15 676.90	113	385.52	30 935.78	154	121.95	44 286.98	195	120.48	49 290.03
32	122.15	8 661.04	73	398.51	16 075.41	114	397.81	31 333.59	155	120.37	44 407.35	196	120.75	49 410.78
33	123.43	8 784.47	74	386.86	16 462.27	115	398.51	31 732.10	156	121.24	44 528.59	197	121.44	49 532.22
34	123.87	8 908.34	75	387.02	16 849.29	116	386.86	32 118.96	157	121.84	44 650.43	198	121.61	49 653.83
35	120.30	9 028.64	76	337.88	17 187.17	117	387.02	32 505.98	158	120.64	44 771.07	199	144.06	49 797.89
36	120.10	9 148.74	77	385.52	17 572.69	118	337.88	32 843.86	159	120.48	44 891.55	200	120.20	49 918.09
37	123.02	9 271.76	78	397.81	17 970.50	119	385.52	33 229.38	160	120.75	45 012.30	201	120.23	50 038.32
38	143.73	9 415.49	79	398.51	18 369.01	120	397.81	33 627.19	161	121.44	45 133.74	202	120.23	50 158.55
39	120.14	9 535.63	80	386.86	18 755.87	121	398.51	34 025.70	162	121.61	45 255.35	203	120.45	50 279.00
40	120.31	9 655.94	81	387.02	19 142.89	122	386.86	34 412.56	163	144.06	45 399.41	**204**	**120.33**	**50 399.33**
41	120.40	9 776.34	82	337.88	19 480.77	123	387.02	34 799.58	164	120.20	45 519.61	205	385.36	50 784.69
42	120.36	9 896.70	83	385.52	19 866.29	124	337.88	35 137.46	165	120.23	45 639.84	206	398.68	51 183.37
43	120.03	10 016.73	84	397.81	20 264.10	125	385.52	35 522.98	166	120.23	45 760.07	207	398.87	51 582.24
44	123.44	10 140.17	85	398.51	20 662.61	126	397.81	35 920.79	167	120.45	45 880.52	208	394.45	51 976.69
45	121.44	10 261.61	86	386.86	21 049.47	127	398.51	36 319.30	168	120.33	46 000.85	209	369.30	52 345.99
46	122.86	10 384.47	87	387.02	21 436.49	128	386.86	36 706.16	169	121.13	46 121.98	210	303.35	52 649.34
47	123.11	10 507.58	88	337.88	21 774.37	129	387.02	37 093.18	170	121.07	46 243.05	211	385.36	53 034.70
48	124.11	10 631.69	89	385.52	22 159.89	130	337.88	37 431.06	171	121.52	46 364.57	212	398.68	53 433.38
49	122.70	10 754.39	90	397.81	22 557.70	131	385.52	37 816.58	172	121.95	46 486.52	213	398.87	53 832.25
50	122.15	10 876.54	91	398.51	22 956.21	132	397.81	38 214.39	173	120.37	46 606.89	214	394.45	54 226.70
51	123.43	10 999.97	92	386.86	23 343.07	133	398.51	38 612.90	174	121.24	46 728.13	215	369.30	54 596.00
52	123.87	11 123.84	93	387.02	23 730.09	134	386.86	38 999.76	175	121.84	46 849.97	216	303.35	54 899.35
53	120.30	11 244.14	94	337.88	24 067.97	135	387.02	39 386.78	176	120.64	46 970.61	217	385.36	55 284.71
54	120.10	11 364.24	95	385.52	24 453.49	136	337.88	39 724.66	177	120.48	47 091.09	218	398.68	55 683.39
55	123.02	11 487.26	96	397.81	24 851.30	137	385.52	40 110.18	178	120.75	47 211.84	219	398.87	56 082.26
56	143.73	11 630.99	97	398.51	24 851.30	138	397.81	40 507.99	179	121.44	47 333.28	220	394.45	56 476.71
57	120.14	11 751.13	98	386.86	25 238.16	139	398.51	40 906.50	180	121.61	47 454.89	221	369.30	56 846.01
58	120.31	11 871.44	99	387.02	25 625.18	140	386.86	41 293.36	181	144.06	47 598.95	222	303.35	57 149.36
59	120.40	11 991.84	100	337.88	25 963.06	141	387.02	41 680.38	182	120.20	47 719.15	223	385.36	57 534.72
60	120.36	12 112.20	101	385.52	26 348.58	142	337.88	42 018.26	183	120.23	47 839.38	224	398.68	57 933.40
61	120.03	12 232.23	102	397.81	26 746.39	143	385.52	42 403.78	184	120.23	47 959.61	225	398.87	58 332.27
62	123.44	12 355.67	103	398.51	27 144.90	144	397.81	42 801.59	185	120.45	48 080.06	226	394.45	58 726.72
63	121.44	12 477.11	104	386.86	27 531.76	**145**	**397.24**	**43 199.83**	186	120.33	48 200.39	227	369.30	59 096.02
64	**122.86**	**12 599.97**	105	387.02	27 918.78	146	120.20	43 320.07	187	121.13	48 321.52	228	303.35	59 399.37
65	385.52	12 985.49	106	337.88	28 256.66	147	120.23	43 440.30	188	121.07	48 442.59	229	385.36	59 784.73
66	397.81	13 383.30	107	385.52	28 642.18	148	120.23	43 560.53	189	121.52	48 564.11	230	398.68	60 183.41

续表

编号	间隔	发车时间	编号	间隔	发车时间	编号	间隔	发车时间	编号	间隔	发车时间	编号	间隔	发车时间
231	398.87	60 582.28	233	369.30	61 346.03	235	385.36	62 034.74	237	398.87	62 832.29	239	369.30	63 596.04
232	394.45	60 976.73	234	303.35	61 649.38	236	398.68	62 433.42	238	394.45	63 226.74	240	303.35	63 899.39

注:粗体数字为高峰期开始和结束时间.

列车全天的速度距离曲线如图1.16所示.

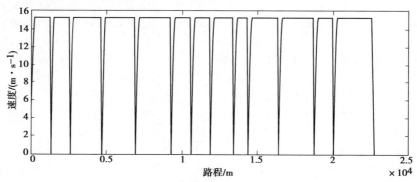

图 1.16　列车全天的速度距离曲线图

问题二的程序

1.5.3　问题三:列车延误后运行优化控制问题

1.5.3.1　列车延误后能耗最低的恢复模型

根据之前规划的列车运行方案,巡航速度为 15.37 m/s.到达巡航速度后,制动距离为 128.47 m.牵引到达巡航速度的时间为 22.45 s,即后一辆列车在前一辆列车行驶出 30.81 s 后开出,即可保证不会出现撞车的情况.

任意两辆列车开出的时间间隔大于等于 2 min,若中途某列车延误 10 s,则相当于两车的发出时间间隔缩小了 10 s,即不小于 110 s.110 s>30.81 s,即不存在追尾撞车的危险.但是,延误 10 s,打乱了已规划好的列车时刻表,使得能量回收比例下降.按照题目要求,在模型(1.32)的基础上作两个方面的改进.

(1)增加时间调整间隔最小的目标[4]

$$\min H = \sum_{i=1}^{239} \left| H_i - h_i \right|$$

其中,$H_1, H_2, \cdots, H_{i+1}, H_{i+2}, \cdots, H_{239}$ 为新的间隔时间,为决策变量.

(2)增加延迟时间约束

$$h_i = H_i + 10$$

该问题转化为以下双目标优化模型来求解:

$$\min H = \sum_{i=1}^{239} \left| H_i - h_i \right|$$

$$\max f = \sum_{k=1}^{13} \sum_{i,j=1\,\&\,i\neq j}^{100} E_{\text{used}}^{(ijk)} x_{ijk}$$

$$\text{s. t.} \begin{cases} E_{\text{reg}}^{(i)} \geqslant \sum_{j} \sum_{k=1}^{13} E_{\text{used}}^{(ijk)} t_{\text{used}}^{(ijk)} \\ |i-j| \leqslant 3 \\ i = 1,2,\cdots,100 \\ j = 1,2,\cdots,100 \\ t_{\text{used}}^{(ijk)} = \dfrac{t_{\text{overlap}}^{(ijk)}}{t_{\text{brake}}^{(ip)}}, (p=1,2,\cdots,13 \ \& \ k=1,2,\cdots,13) \\ \sum_{i=1}^{99} h_i = 63\ 900 \\ h_{100} = 0 \\ T_{ip} = t_{1p} + t_{2p} + t_{3p} \\ t_{1p} = 22.45 \\ t_{3p} = 16.92 \\ \sum_{p=1}^{13} t_{2p} = 2\ 086 - 13 \times 22.45 - 13 \times 16.92 = 1\ 574.19 \\ \sum_{q=0}^{m} T_{i,p} - \sum_{q=0}^{m} h_i = T_{\text{overlap}}^{(i,i+m+1,p)} \\ m = 0,1,2,3 \\ x_{ijk} = \begin{cases} 0 \ \text{no overlap} \\ 1 \ \text{overlap} \end{cases} \\ h_i = H_i + 10 \end{cases} \tag{1.34}$$

模型点评:列车延误能耗最低的恢复模型在总能耗最低的发车间隔模型基础上增加调整间隔最小的目标函数和延迟时间(以 10 s 为例)约束,求解方法同模型(1.32),简化方式有些理想化,但作为范例是可行的.

代入实际参数模拟,求解方法为前述的逐步迭代算法,求解结果如下:

◆ 以非高峰期为例,出现第 70 辆列车能够于 A_{10} 站出现晚点:

$$H_{70} = h_{70} + 10 = 347.88$$

重新规划,得:

$$\begin{cases} H_{68} - h_{68} = 5.32 \\ H_{69} - h_{69} = 2.13 \\ H_{70} - h_{70} = 10 \\ H_{71} - h_{71} = -4.65 \\ H_{72} - h_{72} = -2.32 \\ H_{73} - h_{73} = -1.23 \\ H_{74} - h_{74} = -1.41 \\ H_{75} - h_{75} = -0.27 \\ H_{76} - h_{76} = -0.12 \end{cases}$$

◆ 在高峰期,出现第 160 辆列车,于 A_4 站出现晚点:

$$H_{160} = h_{160} + 10 = 130.75$$

$$\begin{cases} H_{154} - h_{154} = 1.42 \\ H_{155} - h_{155} = 2.31 \\ H_{156} - h_{156} = 3.54 \\ H_{157} - h_{157} = 5.32 \\ H_{158} - h_{158} = 7.76 \\ H_{159} - h_{159} = 8.63 \\ H_{161} - h_{161} = -3.28 \\ H_{162} - h_{162} = -2.34 \\ H_{163} - h_{163} = -1.71 \\ H_{164} - h_{164} = -1.52 \\ H_{165} - h_{165} = -0.78 \\ H_{166} - h_{166} = -0.37 \end{cases}$$

已经处于轨道上的列车,为了配合晚点的列车进行能量的回收,也晚点数秒. 而在晚点后的列车,为了能按时发完所有的列车,提前数秒发车. 按照上述结果可以有效地控制列车的进出站及运行曲线,运行曲线如图 1.17 所示.

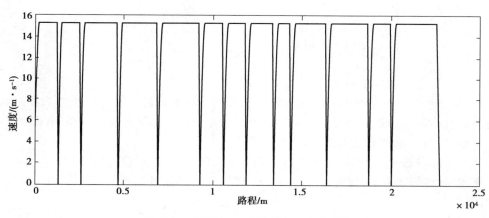

图 1.17 延期 10 s 后的列车运行曲线图

1.5.3.2 考虑列车延误概率的优化控制模型

延误按照本问题描述的概率分布,可以随机产生延误时间 $x_i = |H_i - h_i|$,则在式 (1.33) 的基础上增加一个条件 $|H_i - h_i| \leqslant 10$.

于是本问题的模型为:

$$\min H = \sum_{i=1}^{239} |H_i - h_i|$$

$$\max f = \sum_{k=1}^{13} \sum_{i,j=1 \& i \neq j}^{100} E_{\text{used}}^{(ijk)} x_{ijk}$$

$$\text{s. t.}\begin{cases} E_{\text{reg}}^{(i)} \geqslant \displaystyle\sum_{j} \sum_{k=1}^{13} E_{\text{used}}^{(ijk)} t_{\text{used}}^{(ijk)} \\ |i-j| \leqslant 3 \\ i = 1, 2, \cdots, 100 \\ j = 1, 2, \cdots, 100 \\ t_{\text{used}}^{(ijk)} = \dfrac{t_{\text{overlap}}^{(ijk)}}{t_{\text{brake}}^{(ip)}}, (p = 1, 2, \cdots, 13 \ \& \ k = 1, 2, \cdots, 13) \\ \displaystyle\sum_{i=1}^{99} h_i = 63\,900 \\ h_{100} = 0 \\ T_{ip} = t_{1p} + t_{2p} + t_{3p} \\ t_{1p} = 22.45 \\ t_{3p} = 16.92 \\ \displaystyle\sum_{p=1}^{13} t_{2p} = 2\,086 - 13 \times 22.45 - 13 \times 16.92 = 1\,574.19 \\ \displaystyle\sum_{q=0}^{m} T_{i,p} - \sum_{q=0}^{m} h_i = T_{\text{overlap}}^{(i,i+m+1,p)} \\ m = 0, 1, 2, 3 \\ x_{ijk} = \begin{cases} 0 \ \text{no overlap} \\ 1 \ \text{overlap} \end{cases} \\ |H_i - h_i| \leqslant 10 \end{cases} \tag{1.35}$$

模型点评:该模型和式(1.33)不同之处在于延误时间随机,无论什么时间发生延误,按照该模型求解出的时间安排可以得到安全运行的各列车时间列表.

求解步骤如下:

Step 1:随机生成延误时间 x_i,其中普通延误占 20%,严重延误占 10%,无延误占 70%.

Step 2:时间延误之和最小最优,随机生成时间 t_{1p}、t_{2p}、t_{3p},进行第一次迭代,直到满足时间要求.

Step 3:计算能量消耗.

Step 4:控制车辆延误即进站、出站时间,再次迭代,直至能量消耗最小.

Step 5:输出结果.

求解过程及结果如下:

①产生一组随机延误数据,见表 1.5.

表 1.5　列车延误时间随机数表

（单位:s）

列车编号	延误时间	列车编号	延误时间	列车编号	延误时间	列车编号	延误时间
2	2.24	18	6.40	24	117.23	30	39.53
9	3.74	19	1.81	26	81.65	31	6.27
14	78.23	22	0.45	27	1.07	32	0.22

续表

列车编号	延误时间	列车编号	延误时间	列车编号	延误时间	列车编号	延误时间
34	9.11	71	5.36	109	1.82	169	7.46
37	8.01	72	0.87	117	0.42	170	99.23
39	48.28	75	8.02	127	74.51	174	14.65
40	8.13	76	84.26	133	6.16	178	1.38
41	3.83	80	0.67	134	9.40	182	8.99
44	6.17	84	9.39	143	3.54	185	6.26
45	5.75	86	117.03	145	35.44	188	23.42
47	12.12	92	6.84	146	5.30	191	7.23
51	83.38	95	7.84	149	2.75	200	3.47
52	2.49	97	5.34	152	46.48	209	6.61
60	4.52	101	8.85	157	2.28	214	3.84
62	49.71	102	26.75	162	20.37	219	107.26
64	8.04	103	0.18	164	3.36	224	9.86
66	30.81	104	19.23	165	9.89	231	0.88
70	0.30	108	2.18	167	54.38	236	23.38

②利用模型(1.35)重新进行规划列车的发车时间表,得到随机延误情形下列车发车的控制方案,见表1.6.

表1.6　随机延误情形下列车发车的控制方案　　　　　（单位:s）

编号	计划间隔	原计划发车时间	更改后间隔	延误	实际发车时间	编号	计划间隔	原计划发车时间	更改后间隔	延误	实际发车时间
1	无	0.00	0.00	0.00	0.00	15	398.47	5 326.93	379.20	0.00	5 328.34
2	385.40	385.40	379.62	3.74	383.36	16	398.09	5 725.02	386.69	0.00	5 715.04
3	398.47	783.87	379.20	0.00	762.57	17	365.10	6 090.12	379.98	0.00	6 095.02
4	398.09	1 181.96	386.69	0.00	1 149.26	18	391.62	6 481.74	371.71	6.40	6 473.14
5	365.10	1 547.06	379.98	0.00	1 529.24	19	332.85	6 814.59	345.43	1.81	6 820.38
6	391.62	1 938.68	371.71	0.00	1 900.96	20	385.40	7 199.99	379.62	0.00	7 200.00
7	332.85	2 271.53	345.43	0.00	2 246.39	21	120.14	7 320.13	124.72	0.00	7 324.72
8	385.40	2 656.93	379.62	0.00	2 626.02	22	120.31	7 440.44	123.95	0.45	7 449.12
9	398.47	3 055.40	379.20	2.24	3 007.46	23	120.40	7 560.84	122.81	0.00	7 571.93
10	398.09	3 453.49	386.69	0.00	3 394.15	24	120.36	7 681.20	121.44	117.2	7 810.60
11	365.10	3 818.59	379.98	0.00	3 774.14	25	120.03	7 801.23	122.42	0.00	7 933.02
12	391.62	4 210.21	371.71	0.00	4 145.85	26	123.44	7 924.67	120.31	81.65	8 134.98
13	332.85	4 543.06	345.43	0.00	4 491.28	27	121.44	8 046.11	120.43	1.07	8 256.48
14	385.40	4 928.46	379.62	78.23	4 949.14	28	122.86	8 168.97	122.14	0.00	8 378.62

续表

编号	计划间隔	原计划发车时间	更改后间隔	延误	实际发车时间	编号	计划间隔	原计划发车时间	更改后间隔	延误	实际发车时间
29	123.11	8 292.08	123.36	0.00	8 501.98	63	121.44	12 477.11	386.01	0.00	13 736.76
30	124.11	8 416.19	124.84	39.53	8 666.35	64	122.86	12 599.97	366.23	8.04	14 111.03
31	122.70	8 538.89	120.87	6.27	8 793.49	65	385.52	12 985.49	364.70	0.00	14 475.73
32	122.15	8 661.04	121.05	0.22	8 914.76	66	397.81	13 383.30	379.67	30.81	14 886.21
33	123.43	8 784.47	122.37	0.00	9 037.13	67	398.51	13 781.81	379.24	0.00	15 265.45
34	123.87	8 908.34	120.83	9.11	9 167.06	68	386.86	14 168.67	379.63	0.00	15 645.08
35	120.30	9 028.64	122.88	0.00	9 289.94	69	387.02	14 555.69	386.01	0.00	16 031.09
36	120.10	9 148.74	121.93	0.00	9 411.87	70	337.88	14 893.57	366.23	0.30	16 397.62
37	123.02	9 271.76	124.10	8.01	9 543.98	71	385.52	15 279.09	364.70	5.36	16 767.68
38	143.73	9 415.49	125.07		9 669.05	72	397.81	15 676.90	379.67	0.87	17 148.22
39	120.14	9 535.63	124.72	48.28	9 842.05	73	398.51	16 075.41	379.24	0.00	17 527.46
40	120.31	9 655.94	123.95	8.13	9 974.13	74	386.86	16 462.27	379.63	0.00	17 907.09
41	120.40	9 776.34	122.81	3.83	10 100.77	75	387.02	16 849.29	386.01	8.02	18 301.12
42	120.36	9 896.70	121.44	0.00	10 222.21	76	337.88	17 187.17	366.23	84.26	18 751.61
43	120.03	10 016.73	122.42	0.00	10 344.63	77	385.52	17 572.69	364.70	0.00	19 116.31
44	123.44	10 140.17	120.31	6.17	10 471.12	78	397.81	17 970.50	379.67	0.00	19 495.98
45	121.44	10 261.61	120.43	5.75	10 597.30	79	398.51	18 369.01	379.24	0.00	19 875.22
46	122.86	10 384.47	122.14	0.00	10 719.44	80	386.86	18 755.87	379.63	0.67	20 255.52
47	123.11	10 507.58	123.36	12.12	10 854.92	81	387.02	19 142.89	386.01	0.00	20 641.53
48	124.11	10 631.69	124.84	0.00	10 979.76	82	337.88	19 480.77	366.23	0.00	21 007.76
49	122.70	10 754.39	120.87	0.00	11 100.63	83	385.52	19 866.29	364.70	0.00	21 372.46
50	122.15	10 876.54	121.05	0.00	11 221.68	84	397.81	20 264.10	379.67	9.39	21 761.53
51	123.43	10 999.97	122.37	83.38	11 427.43	85	398.51	20 662.61	379.24	0.00	22 140.77
52	123.87	11 123.84	120.83	2.49	11 550.75	86	386.86	21 049.47	379.63	117.03	22 637.42
53	120.30	11 244.14	122.88	0.00	11 673.63	87	387.02	21 436.49	386.01	0.00	23 023.43
54	120.10	11 364.24	121.93	0.00	11 795.56	88	337.88	21 774.37	366.23	0.00	23 389.66
55	123.02	11 487.26	124.10	0.00	11 919.66	89	385.52	22 159.89	364.70	0.00	23 754.36
56	143.73	11 630.99	125.07	0.00	12 044.73	90	397.81	22 557.70	379.67	0.00	24 134.03
57	120.14	11 751.13	124.72	0.00	12 169.45	91	398.51	22 956.21	379.24	0.00	24 513.27
58	120.31	11 871.44	123.95	0.00	12 293.40	92	386.86	23 343.07	379.63	6.84	24 899.74
59	120.40	11 991.84	122.81	0.00	12 416.21	93	387.02	23 730.09	386.01	0.00	25 285.75
60	120.36	12 112.20	121.44	4.52	12 542.16	94	337.88	24 067.97	366.23	0.00	25 651.98
61	120.03	12 232.23	379.24	0.00	12 921.40	95	385.52	24 453.49	364.70	7.84	26 024.52
62	123.44	12 355.67	379.63	49.71	13 350.75	96	397.81	24 851.30	379.67	0.00	26 404.19

续表

编号	计划间隔	原计划发车时间	更改后间隔	延误	实际发车时间	编号	计划间隔	原计划发车时间	更改后间隔	延误	实际发车时间
97	398.51	24 851.30	379.24	5.34	26 788.77	131	385.52	37 816.58	364.70	0.00	39 696.67
98	386.86	25 238.16	379.63	0.00	27 168.40	132	397.81	38 214.39	379.67	0.00	40 076.34
99	387.02	25 625.18	386.01	0.00	27 554.41	133	398.51	38 612.90	379.24	6.16	40 461.75
100	337.88	25 963.06	366.23	0.00	27 920.64	134	386.86	38 999.76	379.63	9.40	40 850.77
101	385.52	26 348.58	364.70	8.85	28 294.19	135	387.02	39 386.78	386.01	0.00	41 236.78
102	397.81	26 746.39	379.67	26.75	28 700.61	136	337.88	39 724.66	366.23	0.00	41 603.01
103	398.51	27 144.90	379.24	0.18	29 080.03	137	385.52	40 110.18	364.70	0.00	41 967.71
104	386.86	27 531.76	379.63	19.23	29 478.89	138	397.81	40 507.99	379.67	0.00	42 347.38
105	387.02	27 918.78	386.01	0.00	29 864.90	139	398.51	40 906.50	379.24	0.00	42 726.62
106	337.88	28 256.66	366.23	0.00	30 231.13	140	386.86	41 293.36	379.63	0.00	43 106.25
107	385.52	28 642.18	364.70	0.00	30 595.83	141	387.02	41 680.38	122.39	0.00	43 228.64
108	397.81	29 039.99	379.67	2.18	30 977.68	142	337.88	42 018.26	122.15	0.00	43 350.79
109	398.51	29 438.50	379.24	1.82	31 358.74	143	385.52	42 403.78	122.77	3.54	43 477.11
110	386.86	29 825.36	379.63	0.00	31 738.37	144	397.81	42 801.59	121.03	0.00	43 598.14
111	387.02	30 212.38	386.01	0.00	32 124.38	145	397.24	43 199.83	122.22	35.44	43 755.80
112	337.88	30 550.26	366.23	0.00	32 490.61	146	120.20	43 320.07	123.55	5.30	43 884.65
113	385.52	30 935.78	364.70	0.00	32 855.31	147	120.23	43 440.30	120.89	0.00	44 005.54
114	397.81	31 333.59	379.67	0.00	33 234.98	148	120.23	43 560.53	123.26	0.00	44 128.80
115	398.51	31 732.10	379.24	0.00	33 614.22	149	120.45	43 680.98	124.15	2.75	44 255.70
116	386.86	32 118.96	379.63	0.00	33 993.85	150	120.33	43 801.31	122.59	0.00	44 378.29
117	387.02	32 505.98	386.01	0.42	34 380.28	151	121.13	43 922.44	121.92	0.00	44 500.21
118	337.88	32 843.86	366.23	0.00	34 746.51	152	121.07	44 043.51	121.48	46.48	44 668.17
119	385.52	33 229.38	364.70	0.00	35 111.21	153	121.52	44 165.03	120.35	0.00	44 788.52
120	397.81	33 627.19	379.67	0.00	35 490.88	154	121.95	44 286.98	124.34	0.00	44 912.86
121	398.51	34 025.70	379.24	0.00	35 870.12	155	120.37	44 407.35	121.80	0.00	45 034.66
122	386.86	34 412.56	379.63	0.00	36 249.75	156	121.24	44 528.59	122.88	0.00	45 157.54
123	387.02	34 799.58	386.01	0.00	36 635.76	157	121.84	44 650.43	124.56	2.28	45 284.38
124	337.88	35 137.46	366.23	0.00	37 001.99	158	120.64	44 771.07	121.86	0.00	45 406.24
125	385.52	35 522.98	364.70	0.00	37 366.69	159	120.48	44 891.55	122.39	0.00	45 528.63
126	397.81	35 920.79	379.67	0.00	37 746.36	160	120.75	45 012.30	122.15	0.00	45 650.78
127	398.51	36 319.30	379.24	74.51	38 200.10	161	121.44	45 133.74	122.77	0.00	45 773.55
128	386.86	36 706.16	379.63	0.00	38 579.73	162	121.61	45 255.35	121.03	20.37	45 914.95
129	387.02	37 093.18	386.01	0.00	38 965.74	163	144.06	45 399.41	122.22	0.00	46 037.17
130	337.88	37 431.06	366.23	0.00	39 331.97	164	120.20	45 519.61	123.55	38.36	46 199.08

续表

编号	计划间隔	原计划发车时间	更改后间隔	延误	实际发车时间	编号	计划间隔	原计划发车时间	更改后间隔	延误	实际发车时间
165	120.23	45 639.84	120.89	9.89	46 329.86	199	144.06	49 797.89	300.07	0.00	51 250.94
166	120.23	45 760.07	123.26	0.00	46 453.12	200	120.20	49 918.09	301.54	3.47	51 555.95
167	120.45	45 880.52	124.15	54.38	46 631.66	201	120.23	50 038.32	300.04	0.00	51 855.99
168	120.33	46 000.85	122.59	0.00	46 754.25	202	120.23	50 158.55	316.82	0.00	52 172.81
169	121.13	46 121.98	121.92	7.46	46 883.62	203	120.45	50 279.00	300.01	0.00	52 472.82
170	121.07	46 243.05	121.48	99.23	47 104.33	204	120.33	50 399.33	300.07	0.00	52 772.89
171	121.52	46 364.57	120.35	0.00	47 224.68	205	385.36	50 784.69	300.07	0.00	53 072.96
172	121.95	46 486.52	124.34	0.00	47 349.02	206	398.68	51 183.37	301.54	0.00	53 374.50
173	120.37	46 606.89	121.80	0.00	47 470.82	207	398.87	51 582.24	300.04	0.00	53 674.54
174	121.24	46 728.13	122.88	14.65	47 608.35	208	394.45	51 976.69	316.82	0.00	53 991.36
175	121.84	46 849.97	124.56	0.00	47 732.91	209	369.30	52 345.99	300.01	6.61	54 297.98
176	120.64	46 970.61	121.86	0.00	47 854.77	210	303.35	52 649.34	300.07	0.00	54 598.05
177	120.48	47 091.09	122.39	0.00	47 977.16	211	385.36	53 034.70	300.07	0.00	54 898.12
178	120.75	47 211.84	122.15	1.38	48 100.69	212	398.68	53 433.38	301.54	0.00	55 199.66
179	121.44	47 333.28	122.77	0.00	48 223.46	213	398.87	53 832.25	300.04	0.00	55 499.70
180	121.61	47 454.89	121.03	0.00	48 344.49	214	394.45	54 226.70	316.82	3.84	55 820.36
181	144.06	47 598.95	122.22	0.00	48 466.71	215	369.30	54 596.00	300.01	0.00	56 120.37
182	120.20	47 719.15	123.55	8.99	48 599.25	216	303.35	54 899.35	300.07	0.00	56 420.44
183	120.23	47 839.38	120.89	0.00	48 720.14	217	385.36	55 284.71	300.07	0.00	56 720.51
184	120.23	47 959.61	123.26	0.00	48 843.40	218	398.68	55 683.39	301.54	0.00	57 022.05
185	120.45	48 080.06	124.15	6.26	48 973.81	219	398.87	56 082.26	300.04	107.26	57 429.34
186	120.33	48 200.39	122.59	0.00	49 096.40	220	394.45	56 476.71	316.82	0.00	57 746.16
187	121.13	48 321.52	121.92	0.00	49 218.32	221	369.30	56 846.01	300.01	0.00	58 046.17
188	121.07	48 442.59	121.48	23.42	49 363.22	222	303.35	57 149.36	300.07	0.00	58 346.24
189	121.52	48 564.11	120.35	0.00	49 483.57	223	385.36	57 534.72	300.07	0.00	58 646.31
190	121.95	48 686.06	124.34	0.00	49 607.91	224	398.68	57 933.40	301.54	9.86	58 957.71
191	120.37	48 806.43	121.80	7.23	49 736.95	225	398.87	58 332.27	300.04	0.00	59 257.75
192	121.24	48 927.67	122.88	0.00	49 859.83	226	394.45	58 726.72	316.82	0.00	59 574.57
193	121.84	49 048.91	124.56	0.00	49 984.39	227	369.30	59 096.02	300.01	0.00	59 874.58
194	120.64	49 169.55	121.86	0.00	50 106.25	228	303.35	59 399.37	300.07	0.00	60 174.65
195	120.48	49 290.03	122.39	0.00	50 228.64	229	385.36	59 784.73	300.07	0.00	60 474.72
196	120.75	49 410.78	122.15	0.00	50 350.79	230	398.68	60 183.41	301.54	0.00	60 776.26
197	121.44	49 532.22	300.01	0.00	50 650.80	231	398.87	60 582.28	300.04	0.88	61 077.18
198	121.61	49 653.83	300.07	0.00	50 950.87	232	394.45	60 976.73	316.82	0.00	61 394.00

续表

编号	计划间隔	原计划发车时间	更改后间隔	延误	实际发车时间	编号	计划间隔	原计划发车时间	更改后间隔	延误	实际发车时间
233	369.30	61 346.03	300.01	0.00	61 694.01	237	398.87	62 832.29	300.04	0.00	62 919.11
234	303.35	61 649.38	300.07	0.00	61 994.08	238	394.45	63 226.74	316.82	0.00	63 235.93
235	385.36	62 034.74	300.07	0.00	62 294.15	239	369.30	63 596.04	300.01	0.00	63 535.94
236	398.68	62 433.42	301.54	23.38	62 619.07	240	303.35	63 899.39	300.07	0.00	63 836.01

按照表 1.6,可以对随机延误情形下的列车在各个站的发车时间进行控制,从而得到整体能耗最低、回收能量效率最大化的列车运行方案.按照模型(1.35),无论何种延误情形均可求解出一套最优控制方案.

1.6 模型的评价及推广

1.6.1 模型的优点

①模型统一,通用性强.本文中的规划模型在原有的基础上稍作调整即可解决新的更复杂的实际问题,说明该模型具有较强的通用性和推广性.

②优化合理,结果可靠,为轨道交通系统降低能耗提供了指导性意见.

1.6.2 模型的不足

①模型的建立从大方向着手,抓主要矛盾,但是在细节的探讨上有所欠缺,如在计算附加阻力时,发现数值极小,为了简化模型却未对其进行详细的分析,有待完善和改进.

②在计算方法上主要采用逐步迭代法,虽然能求得最优解,但尚需计算更快捷的算法.

1.6.3 模型的推广

本文建立的单/多列车节能优化模型,能根据具体情况选择合理的规划目标,可广泛用于解决各类交通运输、节能优化等方面的问题,有较强的推广性.

参考文献

[1] 黄舰,曲健伟. 地铁列车基于惰行控制的节能优化运行研究[J]. 机车电传动,2015(3):69-73.

[2] 苗祚鱼,牛儒,唐涛. 基于二元决策图的故障树最小割集求解算法研究[J]. 中北大学学报:自然科学版,2014,35(2):141-146.

[3] 王勇,李程俊,颜宪斌. 栅格数据空间分析中最短距离并行算法的研究[J]. 计算机应用与软件,2013,30(8):14-17.

[4] 刘小玲,孙波,薛亮. 专业化分工粒子群优化算法在地铁列车运行调整中的应用[J].

交通科技与经济,2015,17(3):44-48.

建模特色点评

　　该文被评为全国优秀论文并约稿在《数学的实践与认识》上发表,现以全文展示整个建模过程.对单列车节能运行优化控制的问题建立的非线性规划模型,分别对不停靠和停靠的情形进行讨论,求得最小能耗.对多列车节能运行优化控制问题,分为无高峰期和存在早晚高峰情形,建立了以回收能量最多为目标的0-1非线性规划模型,求出了全天的发车时间表及速度距离曲线.关于列车延误后运行的优化控制问题,在问题二的基础上,分别对固定延误时间和随机延误的情形,建立了以时间调整间隔总和最小、以回收能量最多为目标的0-1非线性双目标规划模型,求得了列车运行的控制方案.论文的数学模型完整、概括力强,对条件较多的情形考虑全面.论文写作方面堪称优化模型的典范,层次清楚、逻辑性强,是参加数学建模竞赛的同学的学习范文.如果问题三在随机延误的处理上考虑其服从的分布,那么文章就更完善了.最后,模型求解算法需要改进,随机逐步迭代算法的结果不稳定,可以考虑采用二分法求解.

姜翠翠

2

多无人机协同任务规划 ···○

无人机(Unmanned Aerial Vehicle,UAV)是一种具备自主飞行和独立执行任务能力的新型作战平台,不仅能够执行军事侦察、监视、搜索、目标指向等非攻击性任务,还能够执行对地攻击和目标轰炸等作战任务.随着无人机技术的快速发展,越来越多的无人机将应用在未来战场.

某无人机作战部队现配属有 P01—P07 七个无人机基地,各基地均配备一定数量的 FY 系列无人机(各基地具体坐标、配备的无人机类型及数量见附件1,位置示意图见附件2).其中,FY-1 型无人机主要担任目标侦察和目标指示,FY-2 型无人机主要担任通信中继,FY-3 型无人机用于对地攻击. FY-1 型无人机的巡航飞行速度为 200 km/h,最长巡航时间为 10 h,巡航飞行高度为 1 500 m;FY-2 型、FY-3 型无人机的巡航飞行速度为 300 km/h,最长巡航时间为 8 h,巡航飞行高度为 5 000 m.受燃料限制,无人机在飞行过程中尽可能减少转弯、爬升、俯冲等机动动作.一般来说,机动时消耗的燃料是巡航的 2 ~ 4 倍.最小转弯半径为 70 m.

FY-1 型无人机可加载 S-1、S-2、S-3 三种载荷.其中,载荷 S-1 系成像传感器,采用广域搜索模式对目标进行成像,传感器的成像带宽为 2 km(附件 3 对成像传感器工作原理提供了一个非常简洁的说明,对性能参数进行了一些限定,若干简化有助于本赛题的讨论);载荷 S-2 系光学传感器,为达到一定的目标识别精度,对地面目标拍照时要求距目标的距离不超过 7.5 km,可瞬时完成拍照任务;载荷 S-3 系目标指示器,为制导炸弹提供目标指示时要求距被攻击目标的距离不超过 15 km.由于各种技术条件的限制,该系列无人机每次只能加载 S-1、S-2、S-3 三种载荷中的一种.为保证侦察效果,对每一个目标需安排 S-1、S-2 两种不同载荷各自至少侦察一次,两种不同载荷对同一目标的侦察间隔时间不超过 4 h.

为保证执行侦察任务的无人机与地面控制中心的联系,需安排专门的 FY-2 型无人机担任通信中继任务,通信中继无人机与执行侦察任务的无人机的通信距离限定在 50 km 范围内.通信中继无人机正常工作状态下可随时保持与地面控制中心的通信.

FY-3 型无人机可携带 6 枚 D-1 或 D-2 两种型号的炸弹.其中,D-1 炸弹系某种类型的"灵巧"炸弹,采用抛投方式对地攻击,即投放后炸弹以飞机投弹时的速度做抛物运动,当炸弹接近目标后,可主动攻击待打击的目标,炸弹落点位于目标中心 100 m 范围内可视为有效击中目标;D-2 型炸弹在激光制导模式下对地面目标进行攻击,其飞行速度为 200 m/s,飞行方向总是指向目标.攻击同一目标的 D-2 型炸弹在整个飞行过程中需一架 FY-1

型无人机加载载荷 S-3 进行全程引导,直到命中目标. 由于某些技术上的限制,携带 D-2 型炸弹的无人机在投掷炸弹时要求距目标 10 ~ 30 km,并且要求各制导炸弹的发射点到目标点连线的大地投影不交叉(以保证弹道不交叉). 为达到一定的毁伤效果,对每个目标(包括雷达站和远程搜索雷达)需成功投掷 10 枚 D-1 型炸弹,而对同一目标投掷两枚 D-2 型炸弹即可达到相同的毁伤效果.

多架该型无人机在同时执行任务时可按照一定的编队飞行,但空中飞行时两机相距要求 200 m 以上.受基地后勤技术保障的限制,同一基地的两架无人机起飞时间间隔和降落回收的时间间隔要求在 3 min 以上.无人机执行完任务后需返回原基地.

根据任务要求,需完成侦察和打击的目标有 A01—A10 十个目标群,每个目标群包含数量不等的地面目标,每个目标群均配属有雷达站(目标以及各目标群配属雷达的位置示意图见附件 2,具体坐标参数见附件 4),各目标群配属雷达对 FY 型无人机的有效探测距离为 70 km.

请团队结合实际建立模型,研究下列问题:

问题一:一旦有侦察无人机进入防御方某一目标群配属雷达探测范围,防御方 10 个目标群的配属雷达均开机对空警戒和搜索目标,并会采取相应对策,包括发射导弹对无人机进行摧毁等,侦察无人机滞留防御方雷达探测范围内时间越长,被其摧毁的可能性就越大. 现需为 FY-1 型无人机完成 10 个目标群(共 68 个目标)的侦察任务拟制最佳的路线和无人机调度策略(包括每架无人机起飞基地、加载的载荷、起飞时间、航迹和侦察的目标),以保证侦察无人机滞留防御方雷达有效探测范围内的时间总和最小.

问题二:FY-1 型无人机对目标进行侦察时,需将侦察信息实时通过 FY-2 型无人机传回地面控制中心. 鉴于 50 km 通信距离的限制,需安排多架 FY-2 型无人机升空,以保证空中飞行的侦察无人机随时与 FY-2 型无人机的通信. FY-2 型无人机可同时与多架在其有效通信范围的侦察无人机通信并转发信息. 为完成问题一的侦察任务,至少安排多少架次的 FY-2 型通信中继无人机.

问题三:所有 FY-1 型无人机现已完成侦察任务并返回基地,均可加载载荷 S-3 用于为制导炸弹提供目标指示. 现要求在 7 h 内(从第一架攻击无人机进入防御方雷达探测范围内起,到轰炸完最后一个目标止)完成对 10 个目标群所有 68 个地面目标的火力打击任务,如何进行任务规划以保证攻击方的无人机滞留防御方雷达有效探测范围内的时间总和最小? 请给出具体的无人机任务规划结果(包括每架无人机飞行路线、FY-3 型无人机携带炸弹的具体清单和攻击的目标清单).

问题四:由相关信息渠道获知在 A02、A05、A09 周边可能还配置有 3 部远程搜索雷达,该雷达对 FY 型无人机的有效作用距离为 200 km. 这 3 部雷达的工作模式是相继开机工作,即只有首先开机的雷达遭到攻击后才开启第二部雷达,同样只有第二部雷达被攻击后才开启第三部雷达. 远程搜索雷达一旦开机工作,攻击方无人机群即可获知信号并锁定目标,而后安排距其最近的无人机对其摧毁. 请基于防御方部署远程搜索雷达的情形重新考虑问题三.

问题五:请对求解模型的算法的复杂度进行分析,并讨论如何有效地提高算法的效率,以增强任务规划的时效性. 基于小组构建的数学模型和对模型解算的结果,讨论哪些技术参数的提高将显著提升无人机的作战能力?

竞赛原题中的
附件 1—5

获奖论文精选　多无人机协同任务规划

参赛队员:刘恩　刘馨竹　唐棣

指导教师:罗万春

摘要:本文研究的是多架无人机协同完成侦察、中继和攻击等作战任务的规划问题.

问题一,首先,建立以总行进路径最短为目标的非线性0-1规划模型,求得单架加载S-1无人机从任意基地出发,遍历所有目标点的时间均超过10 h,单架无人机无法完成任务.其次,考虑使用两架载S-1无人机,建立以两组行进路径之和最短和两组间路程差最小为目标函数的目标群分组的非线性0-1规划模型,分别得到从P01、P03、P05、P07出发的4种最优分组方案.再次,以在雷达有效探测区的时间总和最小为目标,用分组逐步逼近算法,求得最优解为两架无人机从P07出发时,在雷达有效探测区的时间总和最小,为6.99 h.然后,讨论加载S-2无人机的行进路线,因S-2的扫描范围广,无须行遍所有目标点即可完成任务,故建立以扫描所有目标点为约束条件,遍历点数最少为目标的非线性0-1规划模型.求解结果为仅需经过18个点即可完全扫描所有68个目标点.最后,在满足S-1和S-2扫描每个目标点的时间差小于4 h的前提下,得到最佳的飞行方案,即从P07派出两架S-1无人机,从P01派出1架S-2无人机.侦察右侧区域的S-1无人机率先起飞,3 min后另一架S-1无人机起飞,S-2无人机可以在第一架飞机起飞后4.575 4 h内的任意时间起飞,可使其在雷达有效探测区的时间总和最短,为11.96 h.

问题二在问题一的基础上,通过调整FY-2无人机和载S-2无人机的起飞时间,减少通过雷区的任意两架无人机的位置差异,安排实时飞行方案.得到最优方案为:第一架载S-1无人机起飞0.924 6 h后,仅需1架FY-2无人机在载S-2无人机的正上方同步飞行,即可完成雷区的信息传递.

问题三要求无人机攻击完所有目标的同时满足在雷区的时间总和最小,制订的攻击方案为先攻击雷达站,再攻击其余目标.求得在雷区的时间总和最小为4.377 2 h.再分别按照"成编队打击"和"远距优先"的原则,得到按时完成攻击任务的两套方案.

问题四在问题三的基础上,增加以A02、A05、A09为圆心,半径为200 km的雷区.讨论在6种不同开机顺序下的攻击雷达方案,完成打击的时间分别为3.731 2 h、1.335 2 h、3.540 5 h、1.526 1 h、3.349 6 h、3.731 4 h.

问题五分析全局最优解算法和采用的分组逐步逼近算法的复杂度,迭代次数从68!下降到40 320,运行时间从大于96 h缩短到2.9 s以下,算法的复杂度大为降低.

本文建立的优化模型合理,通用性和推广性强.在解决问题一的过程中,创新性地采用寻找新遍历点的方法来减少无人机的使用架次.设计的分组逐步逼近算法明显简化了运算,有较好的实用性.

关键词:无人机　非线性0-1规划模型　分组逐步逼近算法

2.1 问题重述

2.1.1 问题背景

无人机是一种具备自主飞行和独立执行任务能力的新型作战平台,不仅能够执行军事侦察、监视、搜索、目标指向等非攻击性任务,还能够执行对地攻击和目标轰炸等作战任务.随着无人机技术的快速发展,越来越多的无人机将应用在未来战场.

某无人机作战部队现配属有 P01—P07 七个无人机基地,各基地均配备一定数量的FY 系列无人机.其中,FY-1 型无人机主要担任目标侦察和目标指示,FY-2 型无人机主要担任通信中继,FY-3 型无人机用于对地攻击.FY-1 型无人机可加载 S-1、S-2、S-3 三种载荷.其中,载荷 S-1 系成像传感器,采用广域搜索模式对目标进行成像,传感器的成像带宽为 2 km;载荷 S-2 系光学传感器,为达到一定的目标识别精度,对地面目标拍照时要求距目标的距离不超过 7.5 km,可瞬时完成拍照任务;载荷 S-3 系目标指示器,为制导炸弹提供目标指示时要求距被攻击目标的距离不超过 15 km.由于各种技术条件的限制,该系列无人机每次只能加载 S-1、S-2、S-3 三种载荷中的一种.为保证侦察效果,对每一个目标需安排 S-1、S-2 两种不同载荷各自至少侦察一次,两种不同载荷对同一目标的侦察间隔时间不超过 4 h.为保证执行侦察任务的无人机与地面控制中心的联系,需安排专门的 FY-2 型无人机担任通信中继任务,通信中继无人机与执行侦察任务的无人机的通信距离限定在 50 km 范围内.通信中继无人机正常工作状态下可随时保持与地面控制中心的通信.

FY-3 型无人机可携带 6 枚 D-1 或 D-2 两种型号的炸弹.其中,D-1 炸弹系某种类型的"灵巧"炸弹,采用抛投方式对地攻击,即投放后炸弹以飞机投弹时的速度做抛物线运动,当炸弹接近目标后,可主动攻击待打击的目标,炸弹落点位于目标中心 100 m 范围内可视为有效击中目标;D-2 型炸弹在激光制导模式下对地面目标进行攻击,其飞行速度为 200 m/s,飞行方向总是指向目标.攻击同一目标的 D-2 型炸弹在整个飞行过程中需一架 FY-1 型无人机加载载荷 S-3 进行全程引导,直到命中目标.由于某些技术上的限制,携带 D-2 型炸弹的无人机在投掷炸弹时要求距目标 10 ~ 30 km,并且要求各制导炸弹的发射点到目标点连线的大地投影不交叉(以保证弹道不交叉).为达到一定的毁伤效果,对每个目标(包括雷达站和远程搜索雷达)需成功投掷 10 枚 D-1 型炸弹,而对同一目标投掷两枚 D-2 型炸弹即可达到相同的毁伤效果.

多架该型无人机在同时执行任务时可按照一定的编队飞行,但空中飞行时两机相距要求 200 m 以上.受基地后勤技术保障的限制,同一基地的两架无人机起飞时间间隔和降落回收的时间间隔要求在 3 min 以上.无人机执行完任务后需返回原基地.

根据任务要求,需完成侦察和打击的目标有 A01—A10 十个目标群,每个目标群包含数量不等的地面目标,每个目标群均配属有雷达站,各目标群配属雷达对 FY 型无人机的有效探测距离为 70 km.

2.1.2 数据集

题目附件中提供的基地、目标及雷达站的坐标.

2.1.3 提出问题

根据上述问题背景及数据,题目要求通过数据分析建立模型,研究解决下列问题:

①为 FY-1 型无人机完成 10 个目标群(共 68 个目标)的侦察任务拟制最佳的路线和无人机调度策略(包括每架无人机起飞基地、加载的载荷、起飞时间、航迹和侦察的目标),以保证侦察无人机滞留防御方雷达有效探测范围内的时间总和最小.

②FY-1 型无人机对目标进行侦察时,需将侦察信息实时通过 FY-2 型无人机传回地面控制中心.鉴于 50 km 通信距离的限制,需安排多架 FY-2 型无人机升空,以保证空中飞行的侦察无人机随时与 FY-2 型无人机的通信. FY-2 型无人机可同时与多架在其有效通信范围的侦察无人机通信并转发信息.为完成问题①的侦察任务,至少安排多少架次的 FY-2 型通信中继无人机.

③所有 FY-1 型无人机现已完成侦察任务并返回基地,均可加载载荷 S-3 用于为制导炸弹提供目标指示.现要求在 7 h 内(从第一架攻击无人机进入防御方雷达探测范围内起,到轰炸完最后一个目标止)完成对 10 个目标群所有 68 个地面目标的火力打击任务,如何进行任务规划以保证攻击方的无人机滞留防御方雷达有效探测范围内的时间总和最小? 请给出具体的无人机任务规划结果(包括每架无人机飞行路线、FY-3 型无人机携带炸弹的具体清单和攻击的目标清单).

④由相关信息渠道获知在 A02、A05、A09 周边可能还配置有 3 部远程搜索雷达,该雷达对 FY 型无人机的有效作用距离为 200 km. 这 3 部雷达的工作模式是相继开机工作,即只有首先开机的雷达遭到攻击后才开启第二部雷达,同样只有第二部雷达被攻击后才开启第三部雷达.远程搜索雷达一旦开机工作,攻击方无人机群即可获知信号并锁定目标,而后安排距其最近的无人机对其摧毁.请基于防御方部署远程搜索雷达的情形重新考虑问题③.

⑤请对求解模型的算法的复杂度进行分析,并讨论如何有效地提高算法的效率,以增强任务规划的时效性.基于小组构建的数学模型和对模型解算的结果,讨论哪些技术参数的提高将显著提升无人机的作战能力?

2.2 模型假设

①假设无人机飞行时高度不变.
②忽略无人机机动过程中的燃料消耗.
③假设无人机在行进过程中速率不变.
④忽略无人机起飞和降落过程中的速度变化.
⑤假设 FY-2 中继无人机在侦察无人机进入雷达探测范围后开始工作.
⑥假设无人机攻击同一目标时可按多架飞机轮流投弹和一架飞机重复投弹的方式进行.

2.3 符号说明

①s 表示无人机飞过的路程.
②x_{ij} 表示是否选择走该路线.
③D_{ij} 表示从 i 到 j 的路程.

④T_i 表示从进入第 i 个目标群开始投放炸弹的时间.

⑤M_i 表示在第 i 个目标群内投放炸弹的总时间.

⑥S_{ij} 表示从第 i 个基地到第 j 个目标群的距离.

⑦t_{jk} 表示在第 j 个目标群中第 k 个目标轰炸时间.

其余符号文中说明.

2.4　问题分析

2.4.1　问题一：拟制最佳路线及无人机调度策略

问题一要求拟制无人机侦察的最佳路线及无人机调度策略,以保证侦察无人机滞留防御方雷达有效探测范围内的时间总和最小.无人机数量越少,在雷达有效探测范围内的时间总和越少.以基地为出发点和终点,68 个目标为整体,通过逐渐增加无人机数量,从全局最优的角度找到无人机侦察的最佳路线,同时制订无人机调度策略.若加载不同载荷的无人机增加到两架以上,则需首先考虑对 10 个目标群进行分区.由于目标群间的距离远大于各目标群内小目标之间的距离,因此拟将各目标群简化为雷达探测范围的圆心,即雷达站位置,仍以总路程最短为目标,实现对 10 个目标群的分区.然后以相邻两目标群内最近的两目标作为出口和入口,进而求解到最佳路线.

2.4.2　问题二：制订 FY-2 无人机调度数量

根据题意,FY-2 无人机需与侦察无人机保持在 50 km 的距离内.在保证完成通信任务的前提下,从一架 FY-2 无人机保障一架侦察无人机开始,依次减少 FY-2 无人机数量,直至其无法完成通信任务.根据问题一的无人机调度策略,侦察无人机飞行路线已知,可通过求解每一时刻侦察无人机之间的距离来实现对 FY-2 无人机数量的确定.

2.4.3　问题三：拟制无人机攻击目标的最佳路线及调度策略

为使攻击方的无人机滞留防御方雷达有效探测范围内的时间总和最小,应首先对防御方雷达站发起攻击,然后摧毁各目标群内的小目标.攻击目标可选择 D-1 型和 D-2 型两种导弹.在攻击相同数量目标的前提下,选 D-1 型导弹,需要较多数量的无人机,其优点是速度快;选 D-2 型导弹,需要的无人机数量较少,但速度较慢.以在雷达有效探测范围内时间最短和轰炸完所有目标的总时间最短为目标,建立优化模型,得到其最佳路线和调度策略.

2.4.4　问题四：远程搜索雷达中无人机攻击目标的最佳路线及调度策略

增加远程搜索雷达后,为保证攻击方的无人机滞留防御方雷达有效探测范围内的时间总和最小,首先派一架搭载 D-2 型导弹的无人机(6 枚导弹),可以满足攻击 3 个远程搜索雷达的需要,同时配备一架搭载 S-3 目标指示器的无人机作为引导.

2.4.5　问题五：分析求解模型算法的复杂度

算法的效率主要包括求解时间、迭代次数、稳定性和时间复杂度等指标,需要对常规算法及用于求解的算法进行上述指标的比较.

2.5 模型的建立与求解

2.5.1 问题一：拟制最佳路线及无人机调度策略

根据 2.4.1 分析，无人机数量越少，在雷达有效探测范围内的时间总和越少.依次增加无人机数量，直至满足所有约束条件.根据假设④，飞机全程以 200 km/h 的速度飞行，求解最小的时间总和即可简化为最短的路程.

2.5.1.1 加载 S-1 无人机的最佳路线及调度策略

根据附件 3 中 S-1 载荷传感器的工作原理，即线性扫描，且扫描带宽为 2 km，通过计算，任意两个目标之间的距离均不低于 2 km，S-1 始终只能扫描到一个目标.加载 S-1 载荷的无人机需通过所有小目标以完成侦察任务.

（1）一架 S-1 无人机的路线

首先以一架加载 S-1 无人机飞过所有目标点的路程最短为目标，建立最优巡回路模型 (2.1)[1]：

$$\min s = \sum_{i=1}^{n} \sum_{j=1}^{n} x_{ij} D_{ij}(i,j \in E; i \neq j)$$

$$\text{s. t.} \begin{cases} \sum_{j=1}^{n} x_{ij} = 1 (i \neq j) \\ \sum_{j=1}^{n} x_{ji} = 1 (i \neq j) \\ M_j - M_i \geq (n-1)x_{ij} + (n-3)x_{ji} - (n-2)(j \neq 1; i \neq j) \\ M_i \leq (n-1) - (n-2)x_{1i}(i \neq 1) \\ M_i \geq 1 + (n-2)x_{i1}(i \neq 1) \\ x_{ij} \in \{0,1\} \end{cases} \quad (2.1)$$

其中，s 表示无人机飞过的路程；x_{ij} 表示是否选择走这条路线；D_{ij} 代表从 i 到 j 的路程.为了求解模型，设计了分组逐步逼近算法，其流程图如图 2.1 所示.

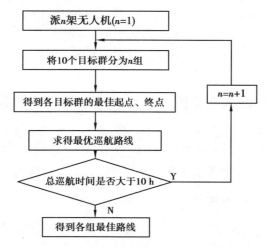

图 2.1 分组逐步逼近算法流程图

利用 Lingo11 进行求解,得到从 4 个基地出发的无人机巡航时间均大于 10 h,结果见表 2.1.一架加载 S-1 的无人机无法完成巡航任务,需要增加无人机数量.

表2.1 一架飞机遍历所有目标的路程及时间

基地	P1	P3	P5	P7
最短路径/km	2 217.86	2 787.34	2 457.92	2 784.99
时间/h	11.09	13.94	12.89	13.92

(2)两架 S-1 无人机的路线

Step 1:将 10 个目标群分为两组.由于各目标群中目标的距离远小于雷达探测范围,因此将所有目标看作一个质点,即圆心,来实现分组.以总路程最短和两组路程差值最小为目标,建立优化模型(2.2):

$$\min f = \sum_{i=1}^{n} \sum_{j=1}^{n} x_{ij} D_{ij} \quad (i,j \in E; i \neq j)$$

$$s.t.\begin{cases} \sum_{j=1}^{n} x_{ij} - \sum_{j=1}^{n} x_{ji} = 0 (i \neq j) \\ x_{ij} \geq y_{ij} (i \neq j) \\ \sum_{j=1}^{n} y_{ij} \geq 1 (i = 1, j \neq 1) \\ \sum_{j=1}^{n} y_{ji} = 0 (i = 1, j \neq 1) \\ \sum_{j=1}^{n} y_{ji} \geq 1 (j \neq i) \\ \sum_{j=1}^{n} y_{ij} - \sum_{j=1}^{n} y_{ji} = 0 (j \neq i) \\ M_j - M_i \geq (n-1) y_{ij} + (n-3) y_{ji} - (n-2) (j \neq 1; j \neq i) \\ M_i \leq (n-1) - (n-2) y_{1i} (i \neq 1) \\ M_i \geq 1 + (n-2) y_{i1} (i \neq 1) \\ x_{ij}, y_{ij} \in \{0,1\} \end{cases} \quad (2.2)$$

其中,f 表示无人机飞过的路程;x_{ij} 和 y_{ij} 分别在两个分组中表示是否选择走这条路线;D_{ij} 代表从 i 到 j 的路程.

模型点评:模型约束了实际运行的时间间隔,符合实际运行需求.同时考虑总路程最短、路程差值最小、运行周期等限制,是比较全面的优化模型.

根据模型(2.2)可得到分别从 P01、P03、P05、P07 四个基地出发时 10 个目标群的分组,并得到经过各目标群的顺序,结果见表 2.2.

表2.2 各个基地到 10 个目标群的分组及顺序

目标群分组	一组	二组
P01	A01→A08→A02→A03→A04	A06→A05→A07→A10→A09
P03	A01→A08→A02→A03	A06→A05→A04→A09→A10→A07

续表

目标群分组	一组	二组
P05	A01→A08→A02→A03→A04	A06→A05→A07→A10→A09
P07	A01→A02→A03→A04	A06→A05→A07→A10→A09→A08

注:该顺序并不是固定的,可反向进行.

Step 2:得到各目标群的最佳起点和终点.以两目标群之间最近两个目标作为上一个目标群的终点和下一个目标群的起点.第一个和最后一个目标群为与基地距离最近的点.所得结果见表2.3.

表2.3　各目标群的最佳起点和终点

一组	P01 起点	P01 终点	P05 起点	P05 终点	一组	P03 起点	P03 终点	一组	P07 起点	P07 终点
A01	A0101	A0102	A0101	A0102	A01	A0101	A0102	A01	A0101	A0102
A08	A0805	A0804	A0805	A0804	A08	A0805	A0804	A02	A0207	A0203
A02	A0209	A0203	A0209	A0203	A02	A0209	A0203	A03	A0304	A0301
A03	A0305	A0301	A0305	A0301	A03	A0305	A0301	A04	A0410	A0401
A04	A0410	A0401	A0410	A0401						

二组	起点	终点	起点	终点	二组	起点	终点	二组	起点	终点
A06	A0603	A0606	A0603	A0606	A06	A0603	A0606	A06	A0601	A0606
A05	A0502	A0507	A0502	A0507	A05	A0502	A0504	A05	A0502	A0507
A07	A0704	A0706	A0704	A0706	A04	A0404	A0410	A07	A0704	A0706
A10	A1003	A1005	A1003	A1005	A09	A0901	A0901	A10	A1003	A1005
A09	A0901	A0902	A0901	A0902	A10	A1005	A1003	A09	A0901	A0905
					A07	A0706	A0704	A08	A0804	A0805

Step 3:求解最优巡航路线.确定各目标群起点和终点后,利用Matlab2016A求解最短巡航路线,得到总时间 t,发现巡航的总时间均小于10 h,满足无人机续航条件.求解无人机在雷达监测范围的时间,结果见表2.4.

表2.4　无人机在雷达监测范围的时间

	P01	P03	P05	P07
一组	3.51	2.52	3.51	3.16
二组	5.54	4.66	5.37	3.83

无人机航迹如图2.2—图2.5所示.其中,用菱形标注的点是为避开雷达区域增设的点;虚线圆圈为雷达区域的边界,实线条和虚直线条分别表示两架无人机的飞行轨迹.

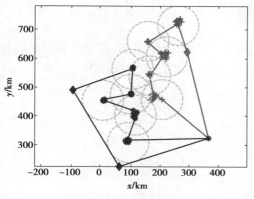

图 2.2 P01 基地起飞的两架无人机的飞行轨迹

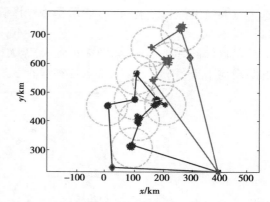

图 2.3 P03 基地起飞的两架无人机的飞行轨迹

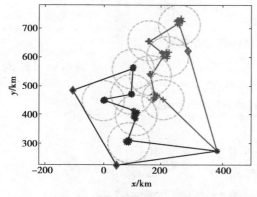

图 2.4 P05 基地起飞的两架无人机的飞行轨迹

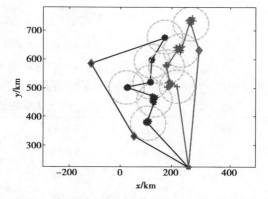

图 2.5 P07 基地起飞的两架无人机的飞行轨迹

满足目标函数,使无人机在雷达监测范围内时间最小的情况为:两架加载 S-1 的无人机均从 P07 基地起飞,受雷达监测的时间为 6.99 h,最优路线如图 2.5 所示.

2.5.1.2 加载 S-2 无人机的最佳路线及调度策略

根据题目中 S-2 载荷传感器的工作原理,即可扫描到 7.5 km 内的目标,加载 S-2 载荷的无人机不需要行遍所有目标即可完成扫描.必然存在 n 个点 $D(x,y)$,满足无人机飞过这些点时到各个小目标的距离不超过 7.5 km.以飞行距离最短为目标建立优化模型,即可得到加载 S-2 载荷无人机的局部最优路线.

Step 1:建立模型得到各目标群无人机的新遍历点.以选择的点数总和最小为目标,建立 0-1 规划模型(2.3)如下[2]:

$$\min f = \sum_{i=1}^{n} q_i$$

$$\text{s.t.} \begin{cases} w_{ij}\left(\sqrt{x_i - u_j} + \sqrt{y_i - v_j}\right) \leqslant r \\ \sum_{i=1}^{n} q_i w_{ij} \geqslant 1 \qquad (i,j = 1,2,\cdots,n) \\ q_i \in (0,1) \quad w_{ij} \in (0,1) \end{cases} \qquad (2.3)$$

其中,q_i 为是否选择点 i 作为其新的遍历点;r 为 S-2 的扫描半径;u_j 和 v_j 分别为每个目标群中第 j 个目标的横坐标和纵坐标($j=1,2,\cdots,n$);x_i 和 y_i 分别为每个目标群中拟选定点的横坐标和纵坐标;w_{ij}表示是否选择从拟定的第 i 个点($i=1,2,\cdots,n$)扫描第 j 个目标点.

以目标群 A01 为例,如图 2.6 所示,无人机依次飞过图中菱形点,满足其到所有目标的距离均小于等于 7.5 km,即可使得载有 S-2 的无人机覆盖扫描所有目标点.

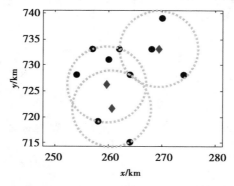

图 2.6　目标群 A01 新的遍历点示意图

根据此模型采用 Lingo11.0 软件编程求解,可以求得每个目标群扫描到所有目标的新遍历点的坐标,经过求解得到的新遍历点和坐标见表 2.5.

表 2.5　S-2 无人机在各目标群的遍历点坐标

目标群	名称	X	Y
A01	B1	268.355 4	731.837 9
	B2	259.674 0	726.155 3
	B3	264.887 5	721.561 7
A02	B4	223.981 9	615.823 9
	B5	208.080 4	612.093 3
	B6	222.747 5	604.718 7
A03	B7	169.736 3	539.404 7
A04	B8	210.064 4	455.155 4
	B9	173.962 2	459.188 8
	B10	181.598 6	475.234
	B11	189.587 2	462.664 2
A05	B12	115.639	394.317 7
	B13	117.658 4	410.316 7
A06	B14	93.192 1	310.200 3
A07	B15	11.198 4	455.562 8
A08	B16	161.343 1	654.485 6
A09	B17	112.769 4	560.691 9
A10	B18	102.040 4	469.917 6

新遍历点的分布如图 2.7 所示.

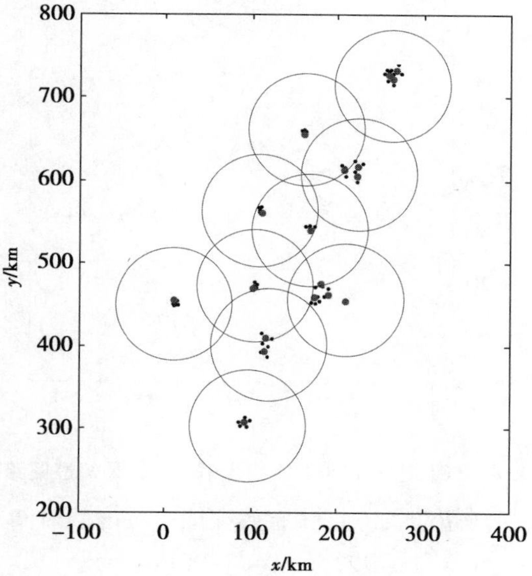

图 2.7　S-2 无人机在各目标群的遍历点

Step 2：得到 S-2 无人机的最优路线. 分别以 4 个基站为起点和终点,以无人机遍历各目标点的时间总和最短为目标,建立模型(2.4)：

$$\min f = \frac{\sum\limits_{i=1}^{n} \sum\limits_{j=1}^{n} x_{ij} D_{ij}}{200} \quad (i,j \in E; i \neq j)$$

$$\text{s.t.} \begin{cases} \sum\limits_{j=1}^{n} x_{ij} = 1 (i \neq j) \\ \sum\limits_{j=1}^{n} x_{ji} = 1 (i \neq j) \\ M_j - M_i \geqslant (n-1)x_{ij} + (n-3)x_{ji} - (n-2)(j \neq 1; i \neq j) \\ M_i \leqslant (n-1) - (n-2)x_{1i}(i \neq 1) \\ M_i \geqslant 1 + (n-2)x_{i1}(i \neq 1) \\ x_{ij} \in \{0,1\} \end{cases} \quad (2.4)$$

其中,f 表示无人机飞过的路程；x_{ij} 表示是否选择走这条路线；D_{ij} 代表从 i 到 j 的路程.

利用 Lingo11 得到其时间均小于 10 h,且在雷达监测的有效区域内,4 条路线一致,如图 2.8 所示,时间均为 5.97 h. 以总时间最短为最优,选择基地. 总时间分别为 7.39 h、8.02 h、7.76 h、7.91 h,选择从 P1 出发.

满足目标函数,使无人机在雷达监测范围内时间最小的情况为：一架加载 S-2 的无人机从 P01 基地起飞,受雷达监测的最短时间为 5.97 h,最优路线如图 2.8 所示.

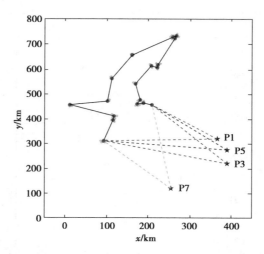

图 2.8 P01、P03、P05、P07 出发载 S-2 的最短巡回路径

由此可得侦察无人机滞留防御方雷达有效探测范围内的时间总和为:

$$6.99+5.97=11.96(\text{h})$$

2.5.1.3 加载 S-1、S-2 无人机调度策略

根据题目要求,为保证侦察效果,对每一个目标需安排 S-1、S-2 两种不同载荷各自至少侦察一次,且两种不同载荷对同一目标的侦察间隔时间不超过 4 h. 可以通过建立方程(2.5)来求解飞机起飞的最长间隔时间以限制其出发时间.

设出发间隔时间为 x,使得两架飞机分别到达第一个目标点和最后一个目标点的时间差超过 4 h,则有:

$$\max = |x|$$

$$\text{s. t.} \begin{cases} |x+tt_1-t_1| \leqslant 4 \\ |x+tt_2-t_2| \leqslant 4 \\ |x+tt_3-t_3| \leqslant 4 \\ |x+tt_4-t_4| \leqslant 4 \end{cases} \tag{2.5}$$

其中,t_1 为 S-2 从 P01 出发到达第一个目标点的时间,t_2 为 S-2 到达 S-1 分组的第一区域最后一点的时间;tt_1 和 tt_2 分别代表从 P07 出发到达第一区域第一个目标点和最后一个目标点的时间.

如果 x 为正数,说明是 S-1 机型后飞;如果 x 为负,说明是 S-2 晚点飞行,经模型求解,$x=-4.575\,4$,说明 S-2 在 S-1 机型起飞后的 4.575 4 h 内起飞.

综上,其调度策略为:P07 作为两架加载 S-1 载荷无人机的起飞基地,侦察右侧区域的 S-1 无人机率先起飞,侦察目标及飞行轨迹见表 2.6;3 min 后另一架 S-1 无人机起飞,侦察目标及飞行轨迹见表 2.7;而 S-2 可以在第一架飞机起飞后 4.575 4 h 内的任意时间起飞,侦察目标及飞行轨迹见表 2.8. 飞机起飞时间见表 2.9.

表 2.6　第一架 S-1 无人机的侦察目标及飞行航迹

顺序	点位	X	Y	顺序	点位	X	Y	顺序	点位	X	Y
1	P07	256	121	14	A0303	164	544	27	A0105	254	728
2	A0401	210	455	15	A0304	168	545	28	A0106	257	733
3	A0407	190	470	16	A0305	174	544	29	A0107	260	731
4	A0405	185	460	17	A0203	210	605	30	A0108	262	733
5	A0402	180	455	18	A0202	223	598	31	A0104	264	728
6	A0403	175	452	19	A0201	225	605	32	A0109	268	733
7	A0404	170	453	20	A0204	220	610	33	A0110	270	739
8	A0406	178	460	21	A0206	209	615	34	A0103	274	728
9	A0409	175	472	22	A0209	205	618	35	A0101	264	715
10	A0408	183	473	23	A0208	220	622	36	新增点	296	605
11	A0410	180	476	24	A0205	223	615	37	P07	256	121
12	A0301	168	538	25	A0207	230	620				
13	A0302	168	542	26	A0102	258	719				

表 2.7　第二架 S-1 无人机的侦察目标及飞行航迹

顺序	点位	X	Y	顺序	点位	X	Y	顺序	点位	X	Y
1	P07	256	121	14	A1005	104	477	27	A0505	114	405
2	新增点	40	250	15	A1004	107	475	28	A0504	125	410
3	新增点	−130	550	16	A1002	106	471	29	A0501	120	400
4	A0805	164	658	17	A1001	105	473	30	A0503	112	394
5	A0801	162	660	18	A1003	103	473	31	A0502	119	388
6	A0802	161	659	19	A0706	15	455	32	A0606	94	315
7	A0803	159	659	20	A0705	12	453	33	A0603	100	312
8	A0804	160	657	21	A0701	10	451	34	A0604	93	311
9	A0905	112	568	22	A0702	11	449	35	A0605	86	310
10	A0904	109	567	23	A0703	13	450	36	A0602	88	305
11	A0903	110	565	24	A0704	16	450	37	A0601	96	304
12	A0902	110	563	25	A0507	113	416	38	P07	256	121
13	A0901	110	561	26	A0506	116	410				

表 2.8　S-2 无人机的侦察目标及飞行航迹

顺序	点位	X	Y	顺序	点位	X	Y
1	P01	368	319	11	B1	268	732
2	B8	210	455	12	B2	260	726
3	B11	189	462	13	B16	161	654
4	B9	173	459	14	B17	113	561
5	B10	181	475	15	B18	102	470
6	B7	169	539	16	B15	11	456
7	B5	208	612	17	B13	118	410
8	B6	222	604	18	B12	116	394
9	B4	223	615	19	B14	93	310
10	B3	265	721	20	P01	368	319

表 2.9　各无人机出发时间

机型	载 S-1 无人机 1	载 S-1 无人机 2	载 S-2 无人机
起飞时间/h	T_0	$T_0+0.05$	$[0,4.575\ 4]$

无人机完成侦察任务的最优路线如图 2.9 所示.

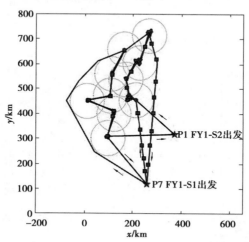

图 2.9　加载 S-1、S-2 无人机调度的最优路线

问题一的程序

2.5.2　问题二:制订 FY-2 无人机调度数量

计算任意时间两架 FY-1 无人机的距离 D. 如图 2.10 所示,FY-2 无人机飞行高度为 5 km, FY-1 无人机飞行高度为 1.5 km,两者的高度差为 3.5 km,两架 FY-1 无人机的距离 D 如果大于 99.75 km,则需要派遣两架 FY-2 型无人机进行通信.

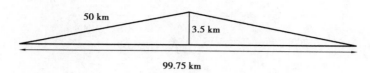

图 2.10　两架 FY-1 无人机的临界距离

由问题一可知,S-2 在 S-1 机型起飞后的 4.575 4 h 内起飞均符合条件.需先确定 S-2 的出发时间.

题目要求 FY-2 型无人机最少,可认为要使得 S-1 无人机和 S-2 无人机在飞行过程中尽量同步,这样可以保证 S-1 和 S-2 无人机在任一时刻距离最短.在第一问的基础上只要保证扫描区域进入的时间和出去的时间尽可能时间差异最小,得到起飞的时间就是 FY-2 无人机最少的情况.由此使得 FY-2 最少的起飞时间见模型(2.6):

$$\min = q$$

$$\text{s. t.} \begin{cases} |x + tt_1 - t_1| \leqslant q \\ |x + tt_2 - t_2| \leqslant q \\ |x + tt_3 - t_3| \leqslant q \\ |x + tt_4 - t_4| \leqslant q \\ |x| \leqslant 4.575\ 4 \end{cases} \tag{2.6}$$

通过上面数据结合模型求解得到,$x = -0.924\ 6$,说明 S-2 在 S-1 机型起飞后的 0.924 6 h 起飞,可保证任一时刻距离 S-1 机型和 S-2 机型间距最短,所需的 FY-2 最少.如图 2.11 所示,如果只考虑在雷达探测的防御区内,载 S-2 无人机与两架载 S-1 无人机的实时距离始终低于 99.75 km,仅需要一架 FY-2 无人机即可完成中继任务.由于载 S-2 无人机更早进入防御区,所以这架 FY-2 无人机的路线为始终跟随载 S-2 无人机,如图 2.12 中黑色线所示.

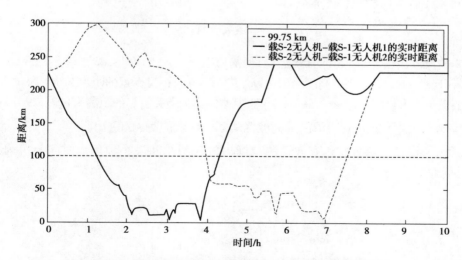

图 2.11　载 S-2 无人机与两架载 S-1 无人机的实时距离图

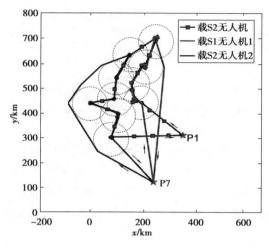

图 2.12　FY-2 无人机的路线

问题二的程序

各无人机出发时间点见表 2.10.

表 2.10　各无人机出发时间

机型	载 S-1 无人机 1	载 S-1 无人机 2	载 S-2 无人机	FY-2 无人机
起飞时间/h	T_0	$T_0+0.05$	$T_0+0.9246$	$T_0+0.9246$

2.5.3　问题三:FY-3 型无人机执行轰炸任务的调度方案

根据题目,炸弹 D-1 被无人机投放后呈抛物线运动,虽然炸弹接近目标后,可主动攻击待打击的目标,但为了提高炸弹轰炸精度,使其被投放后的水平速度方向指向目标点,由此便可确定投弹时距目标的距离,即

$$s = v \times \sqrt{\frac{2h}{g}} \approx 8.3(\text{km})$$

D-2 被投放出去后,呈匀速直线运动,但需同时满足两个条件,即加载 S-3 的 FY-1 距目标点小于 15 km,FY-1 飞行高度为 1.5 km,其水平方向距目标点的距离为 14.9 km. 同时,投放时要满足无人机距目标 10 ~ 30 km. 同理,其水平方向上距目标的距离为 8.7 ~ 29.6 km.

2.5.3.1　满足无人机滞留雷达有效探测范围内的时间总和最小

以无人机滞留防御方雷达有效探测范围内的时间总和最小和轰炸时间最短为目标建立目标函数(2.7):

$$\min f = \sum_{i=1}^{10} (T_i + M_i)$$

$$\min y = \max_{i,j,k} \left\{ \frac{S_{ij}}{v} + t_{jk} + \frac{(n_i-1) \times 3}{60} \right\}$$

· 54 ·

$$\text{s. t.} \begin{cases} T_i = \dfrac{R}{300} - \sqrt{\dfrac{2h}{g}} \\ M_i = 2\pi r \times (z-1) \\ v = \dfrac{200}{300} \\ t_{jk} = \max\{t_k\} \\ \max\{s_{ij}\} + \dfrac{(n_i-1)\times 3}{60} \leqslant 70 \end{cases} \tag{2.7}$$

其中，T_i 代表从第 i 个目标群到开始投放炸弹的时间；M_i 代表在第 i 个目标群内投放炸弹的总时间；S_{ij} 代表从第 i 个基地到第 j 个目标群的距离；t_{jk} 代表在第 j 个目标群中第 k 个目标的轰炸时间.

利用 MATLAB2014a 可以求解得到无人机滞留雷达有效探测范围内的时间总和最小为 4.377 2 h.

2.5.3.2 攻击完所有目标的无人机调度方案

（1）方案一

调度原则：

①首先轰炸雷达发射站，使得在雷达探测范围内的时间总和最小.

②因为 D-1 型导弹所在的无人机速度快，因此尽量先使用 D-1 型导弹.

③当无人机数量不足时，考虑使用 D-2 型导弹.

根据以上原则，得到攻击所有目标的调度及装配方案，表 2.11.

表 2.11　攻击所有目标的调度及装配方案 1

	A01	A02	A03	A04	A05	A06	A07	A08	A09	A10
P01	13									
P02		1	2	2	2	2		2	2	2
P03	2	9		2			2			
P04		2			10					
P05	1	2			2			2	2	2
P06	1						9			
P07				13						

备注：

① ▨ 区域所在的数字为安排用于攻击各区域雷达站，装配 D-1 型导弹.

② ▨ 区域所在的数字代表装配的为 D-1 型导弹.

③ ▥ 区域所在的数字代表装配的为 D-2 型导弹.

对其中耗时最长的组（P01 派往 A01），13 架编队出发的搭载 D-1 型导弹的无人机，从出发到消灭目标仅需 1.96 h，消灭所有目标能在 7 h 内完成.

（2）方案二

将各目标群中的所有小目标简化为圆心，计算分别从 7 个基地出发到 10 个目标群的距离,结果见表 2.12.

表 2.12　7 个基地与 10 个目标群之间的距离

目标群	a1	a2	a3	a4	a5	a6	a7	a8	a9	a10
	409	319	296	208	236	209	354	398	353	299
	458	369	322	229	260	243	381	438	369	304
	474	369	345	255	299	272	411	448	401	348
	511	419	388	297	310	297	420	496	442	382
	594	484	426	337	326	307	446	547	463	383
	612	513	469	376	376	309	479	584	515	443
	671	562	503	414	384	327	488	624	539	457
基地	1	1	1	1	6	6	6	1	1	6
	5	5	6	6	1	7	1	6	6	1
	6	6	5	5	5	1	7	5	5	5
	3	3	3	3	7	5	5	3	3	3
	7	7	7	7	3	3	3	7	7	7
	4	4	4	4	4	2	2	4	4	4
	2	2	2	2	2	4	4	2	2	2

调度原则:保证每个基地中最晚出发的无人机飞行路线最短. 得到攻击所有目标的调度及装配方案 2,见表 2.13.

表 2.13　攻击所有目标的调度及装配方案 2

	A01	A02	A03	A04	A05	A06	A07	A08	A09	A10
P01	1,4	8	11	3D-2,4D-2	12	10	6	5	7	9
P02										
P03	2,3,4	8	1,11	13	9	12	6	5	7	10
P04				5			2D-2	1	3	4
P05	1D-2	2D-2,8	9	13	12	11	6	5	7	10
P06	2,3,6	8	11	14	4D-2,13	5D-2,15	10	7	9	1,12
P07	3,5	6	9	11	12	13	8	2,4	1,7	10

注:表中数字代表其从各基地的出发顺序,如第二行第二列代表从 P01 基地出发的第 1 架和第 4 架无人机
　　飞往 A01 目标群;未注明 D-2 的均携带 6 枚 D-1 型炸弹,标注 D-2 的无人机携带 6 枚 D-2 炸弹.

其中,最晚出发的无人机,即从 P06 出发的第 15 架飞机,仅需 1.70 h 即可完成对最后一个目标的打击,消灭所有目标能在 7 h 内完成.

2.5.4 问题四:增加远程搜索雷达后无人机执行轰炸任务的调动方案

2.5.4.1 远程搜索雷达工作情况分组

根据题目,3 个远程搜索雷达开启顺序随机,位置未知.为方便计算,3 个远程搜索雷达分别位于 A02、A05、A09 三个目标群的雷达站处,即 A0201(225,605),A0501(120,400),A0901(110,561).分别用 C02、C05、C09 表示,其开启顺序有 6 种情况,见表 2.14.

表 2.14　3 个远程搜索雷达的开启顺序

首先开启	第二开启	最后开启
C02	C05	C09
C02	C09	C05
C05	C02	C09
C05	C09	C02
C09	C02	C05
C09	C05	C02

2.5.4.2 无人机执行轰炸任务的调动方案

绘制 3 个远程搜索雷达的搜索范围,如图 2.13 所示.

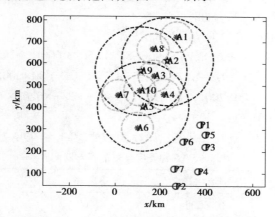

图 2.13　3 个远程搜索雷达的搜索范围示意图

由图 2.13 可知,3 个雷达的探测范围已覆盖所有目标群.按其开启顺序,应首先轰炸 3 个远程搜索雷达.

(1)模型的建立

根据问题三中的模型,建立模型(2.8):

$$\min f = \sum_{i=1}^{10} \left(T_i + M_i \right)$$

$$\min y = \max_{i,j,k} \left\{ \frac{S_{ij}}{v} + t_{jk} + \frac{(n_i - 1) \times 3}{60} \right\}$$

$$\text{s.t.}\begin{cases} M_i = 2\pi r \times (z-1) \\ v = \dfrac{200}{300} \\ t_{jk} = \max\{t_k\} \\ \max\{s_{ij}\} + \dfrac{(n_i-1)\times 3}{60} \leqslant 70 \\ T_i = \begin{cases} \dfrac{70-300\times\sqrt{\dfrac{2h}{g}}}{300} & (i=1,3,4,6,7,8,10) \\[4mm] \dfrac{200-300\times\sqrt{\dfrac{2h}{g}}}{200} & (i=2,5,9) \end{cases} \end{cases} \tag{2.8}$$

（2）D-1 和 D-2 的选择

携带 D-1 的无人机至少要两架才能完成一次对一个目标的轰炸，而携带 D-2 的无人机，在加载 S-3 的 FY-1 协助下，一次就可以实现对 3 个目标的轰炸. 在本问题的条件下，D-2 可依据 3 个远程雷达的开启顺序，以最短路径完成对 3 个雷达的轰炸. 而若使用 D-1，则需 6 架无人机来完成轰炸，不仅每次都要从 200 km 雷达范围外进入，总路程变长，且上一轮进行攻击的两架无人机会再一次落入远程雷达或普通雷达的监测范围，大大增加了其被雷达探测的时间. 选择 D-2 来完成对 3 个远程搜索雷达的轰炸.

（3）轰炸 3 个远程搜索雷达的时间

以 C02、C05、C09 依次开启的情况为例.

$$t_{259} = (200-14.9+29.6-8.7)+(200-8.7)+50/3\ 600\times200\times2]/200\times2 + \\ [(d95-14.9+29.6-8.7)+(d95-8.7)+50/3\ 600\times200\times2]/200 + \\ (70-50/3\ 600\times200)/200+10\times(70-8.3+2\times\pi\times0.07\times9 + \\ 100/3\ 600\times300)/300$$

利用 MATLAB R2009a 得到 6 种开启顺序的轰炸时间，结果见表 2.15.

表 2.15　6 种开启顺序的轰炸时间

首先开启	第二开启	最后开启	时间/h
C02	C05	C09	3.731 2
C02	C09	C05	1.335 2
C05	C02	C09	3.540 5
C05	C09	C02	1.526 1
C09	C02	C05	3.349 6
C09	C05	C02	3.731 4

（4）轰炸方案

根据第三问的分配方案，两种分配方案中均有剩余无人机，可用一架加载 D-2 导弹的 FY-3 及一架加载 S-3 的 FY-1 首先完成对 3 个远程搜索

问题四的程序

雷达的轰炸,后续方案同第三问.

2.5.5 问题五:模型分析

2.5.5.1 算法的复杂程度分析

若要求得模型的全局最优解,所有的目标组合均应计算,需按照以下方式进行:

```
for    k1 = 1 :68
   for    k2 = 1 :67
      for    k3 = 1 :66
         …
      end
   end
end
```

则该计算执行了 68 ! 次,其时间复杂度为 O(n!).

按照全局最优算法,复杂程度分析见表 2.16. 计算机型号为 MacBook pro.

表 2.16   全局最优解算法的复杂程度分析

项目	测评结果
迭代次数	68!
计算时间	>96 h
时间复杂度	O(n!)
稳定性	稳定

2.5.5.2   提高算法效率的方法

为了提高算法效率,采取了以下方法:

(1)分组寻优,减少维度

问题一中,在满足题设条件和存在最优解的前提下,把目标群分为两个大组,有效地减少维度.

(2)数组运算,减少循环

在求解模型的算法设计中,尽可能地应用数组运算,避免循环,从而降低算法的时间复杂度.

(3)逐步逼近,简化运算

在每个目标群的最优路径的选择中,采用逐步逼近的方法,简化了运算.

本文采用新的算法之后,复杂程度分析见表 2.17. 计算机型号为 MacBook pro.

表 2.17   分组逐步逼近算法的复杂程度分析

项目	测评结果
迭代次数	≤40 320
计算时间	≤2.9 s
时间复杂度	O(n!)
稳定性	稳定

由表 2.16 和表 2.17 可知,采用分组逐步逼近算法,迭代次数显著减少,计算时间大幅度减少,时间复杂度明显降低,且保证了运算结果的稳定性.

2.5.5.3 显著提高无人机作战能力的参数

根据模型和求解结果可知,无人机作战能力主要包括侦察、中继传输和攻击 3 个方面.
①侦察能力:延长单个无人机的巡航时间,提高图像识别处理能力.
②中继传输能力:提高信息传输能力.
③攻击能力:提高无人机的飞行速度、无人机的导弹运载能力、导弹发射速度.
总之,以上无人机作战能力的参数集中体现为对时间的影响,要赢得时间,赢得战斗.

2.6 模型的评价及推广

2.6.1 模型的优点

①模型统一,通用性强.本文中的规划模型在原有的基础上稍作调整即可解决新的更复杂的实际问题,说明该模型具有较强的通用性和推广性.
②优化合理,结果可靠.为无人机侦察及目标打击提供了具体的优化方案.

2.6.2 模型的不足

①为了提高算法的效率,将全局最优算法改为分组逐步逼近算法,可能求解的结果有时不是全局最优.
②为了在有限的时间内解决问题,对一些细节作了适当的简化.

2.6.3 模型的推广

本文建立的无人机侦察和攻击优化模型,能根据具体情况选择合理的规划目标,可广泛用于解决各类交通运输、资源配置等方面的问题,有较强的推广性.

参考文献

[1] 谢金星,薛毅.优化建模与 LINDO/LINGO 软件[M].北京:清华大学出版社,2007.
[2] 韩中庚.数学建模方法及其应用[M].北京:高等教育出版社,2010.
[3] 苏金明,王永利.MATLAB7.0 实用指南[M].北京:电子工业出版社,2004.

建模特色点评

该文获得全国研究生数学建模竞赛国家二等奖.论文依次建立非线性 0-1 规划模型,求解得到 FY-1 型无人机侦察 10 个目标群的路线和调度策略;通过几何分析和线性规划模型求得 FY-2 型无人机的数量和飞行轨迹,完成侦察信息实时传输;提出先轰炸雷达发射站,尽量先使用 D-1 型导弹的原则,建立模型得到两种轰炸方案;分析远程雷达的搜索圆,按照雷达的 6 种不同开启顺序,建立模型得到轰炸方案和时间.论文巧妙之处是将目标群简化为雷达探测范围的圆心,增设飞行点避开雷达区域,利用分组逐步逼近算法降低计算的复杂度,方法新颖有效.优点是对问题的理解比较透彻、比较全面,能抓住题目需要解决的若干个关键问题,模型描述合理,结构层次分明,图文并茂,直观有效.不足之处是个别点上的解释说明还不够充分,符号书写不够准确,论文部分章节的可读性可以进一步完善.

周彦　雷玉洁

3

基于帧差法和光流法的前景目标提取追踪模型······◎

　　视频监控是中国安防产业中最为重要的信息获取手段.随着"平安城市"建设的顺利开展,各地普遍安装监控摄像头,利用大范围监控视频的信息,应对安防等领域存在的问题.近年来,中国各省市县乡的摄像头数量呈现井喷式增长,大量企业、部门甚至实现了监控视频的全方位覆盖.例如,北京、上海、杭州监控摄像头分布密度约分别为 71、158、130 个/km²,摄像头数量分别达到 115 万、100 万、40 万个,为人们提供了丰富、海量的监控视频信息.

　　目前,监控视频信息的自动处理与预测在信息科学、计算机视觉、机器学习、模式识别等多个领域中受到极大的关注.而如何有效、快速地抽取出监控视频中的前景目标信息,是其中非常重要而基础的问题.这一问题的难度在于,需要有效分离出移动前景目标的视频往往具有复杂、多变、动态的背景.这一技术往往能够对一般的视频处理任务提供有效的辅助.以筛选与跟踪夜晚时罪犯这一应用为例,若能够预先提取视频前景目标,判断出哪些视频并未包含移动前景目标,并事先从公安人员的辨识范围中排除;而对剩下包含了移动目标的视频,只需辨识排除背景干扰的纯粹前景,对比度显著,肉眼更易辨识.这一技术已被广泛应用于视频目标追踪、城市交通检测、长时场景监测、视频动作捕捉、视频压缩等应用中.

　　以下简单介绍视频的存储格式与基本操作方法.一个视频由很多帧的图片构成,当逐帧播放这些图片时,类似放电影形成连续动态的视频效果.从数学表达上来看,存储于计算机中的视频,可理解为一个三维数据 $X \in \mathbb{R}^{w \times h \times t}$,其中,$w$、$h$ 代表视频帧的长、宽,t 代表视频帧的帧数.视频也可等价理解为逐帧图片的集合,即 $X = \{x_1, x_2, \cdots, x_t\}$,其中 $x_i \in \mathbb{R}^{w \times h}(i = 1, 2, \cdots, t)$ 为一张长、宽分别为 w、h 的图片.三维矩阵的每个元素(代表各帧灰度图上每个像素的明暗程度)为 0~255 的某一个值,越接近 0,像素越黑暗;越接近 255,像素越明亮.通常对灰度值预先进行归一化处理(即将矩阵所有元素除以 255),可将其近似认为 [0,1] 区间的某一实数取值,从而方便数据处理.一张彩色图片由 R(红)、G(绿)、B(蓝)3 个通道信息构成,每个通道均为同样长宽的一张灰度图.由彩色图片构成的视频即为彩色视频.本问题中,仅考虑黑白图片构成的视频.在 MATLAB 环境下,视频的读取、播放及相应基本操作程序见附件 1.如采用其他编程环境,可查阅相关资料获得相应操作程序.

　　题目的监控视频主要由固定位置监控摄像头拍摄,要解决的问题为提取视频前景目标.请研究生通过设计有效的模型与方法,自动从视频中分离前景目标.注意此类视频的特点是相对于前景目标,背景结构较稳定,变化幅度较小,可充分利用该信息实现模型与算法设计.

请查阅相关资料和数据,结合视频数据特点,回答下列问题:

问题一:对一个不包含动态背景、摄像头稳定拍摄时间大约 5 s 的监控视频,构造提取前景目标(如人、车、动物等)的数学模型,并对该模型设计有效的求解方法,从而实现类似如图 3.1 所示的应用效果(附件 2 提供了一些符合此类特征的监控视频).

（a）原视频帧　　　　　　　　　　　　　（b）分离出的前景目标

图 3.1　应用效果

问题二:对包含动态背景信息的监控视频(图 3.2),设计有效的前景目标提取方案(附件 2 中提供了一些符合此类特征的典型监控视频).

（a）树叶摇动　　　　（b）水波动　　　　（c）喷泉变化　　　　（d）窗帘晃动

图 3.2　几种典型的动态视频背景

问题三:在监控视频中,当监控摄像头发生晃动或偏移时,视频会发生短暂的抖动现象(该类视频变换在短时间内可近似视为一种线性仿射变换,如旋转、平移、尺度变化等).对这种类型的视频,如何有效地提取前景目标(附件 2 中提供了一些符合此类特征的典型监控视频)?

问题四:在附件 3 中提供了 8 组视频(avi 文件与 mat 文件内容相同).请利用所构造的建模方法,从每组视频中选出包含显著前景目标的视频帧标号,并将其在建模论文正文中独立成段表示.务必注明前景目标是出现于哪一个视频(如 Campus 视频)的哪些帧(如 241−250 帧、421−432 帧).

问题五:如何通过从不同角度同时拍摄的近似同一地点的多个监控视频中(图 3.3)有效地检测和提取视频前景目标?请充分考虑并利用多个角度视频的前景之间(或背景之间)相关性信息.

问题六:利用所获取前景目标信息,能否自动判断监控视频中有无人群短时聚集、人群惊慌逃散、群体规律性变化(如跳舞、列队排练等)、物体爆炸、建筑物倒塌等异常事件?可考虑的特征信息包括前景目标奔跑的线性变化形态特征、前景规律性变化的周期性特征等.尝试对更多的异常事件类型,设计相应的事件检测方案(请从网络下载包含各种事件的监控视频进行算法验证).

(a) 角度1   (b) 角度2   (c) 角度3

图 3.3 在室内同一时间从不同角度拍摄同一地点获得的视频帧

注:强烈建议深刻考虑问题内涵,建造合理、高效的数学模型和求解方法,鼓励进行具有开放思路与创新思维的探索性尝试.

竞赛原题中的
附件 1—3

获奖论文精选 基于帧差法和光流法的前景目标提取追踪模型

参赛队员:邵辉 刘馨竹 唐棣

指导教师:罗万春

摘要:本文研究的是监控视频的静态或动态背景下前景目标提取问题.

问题一中,对静态背景的前景目标提取问题,建立了帧差法和单高斯模型.帧差法模型的求解是对两帧之间的差值通过膨胀腐蚀法来填充完成;单高斯模型的求解方法为用高斯平均模型选出背景,再用当前帧的完整图像与之相减,获得帧差图像,即为前景目标.用帧差法和单高斯模型提取附件中名为"pedestrian"的视频第 15 帧的前景目标,吻合率分别为 95.1% 和 93.3%,说明两种方法均有效,且帧差法更优.

问题二中,对动态背景的前景目标提取问题,先用光流法求得光流速度场,求出各像素点的合速度,根据该点的速度波形图判断其是否为动态背景点,剔除所有动态背景点,再用帧差法和单高斯模型分别提取前景目标.附件中"airport"视频第 28 帧,光流法+帧差法提取的吻合率为 91.3%,光流法+高斯法为 89.9%.对于动态背景而言,仍然帧差法略优.

问题三中,对抖动拍摄的视频,首先建立 Harris 角点模型,确定相邻两帧图像中匹配的特征点,以特征点的位置变化求出仿射变换函数,从而抵消因抖动带来的图像错位,得到背景相对稳定的视频,然后用帧差法提取附件中"cars7"第 22 帧的前景目标,吻合率为 89.6%,说明该方法确实有效.

问题四中,采用光流法和帧差法相结合的模型,分别对 8 组视频进行前景目标的提取,统计每帧包含有前景目标的像素点的个数,求出含有明显前景目标的帧数.8 组视频中前景目标出现的次数分别为 12、8、3、5、11、10、4、6.

问题五中,采用帧差法,从 4 个角度拍摄的视频中,提取前景目标,将前景目标的灰度值在 0~255 中的频率分布向量作为其特征信息,对不同视频中的前景目标进行相关性分析,结果显示同一目标的相关系数为 0.7 左右,且 p 值远远小于 0.01,说明其显著相关,从而实现了不同拍摄角度对同一目标的追踪.

问题六中,首先追踪前景目标,通过分析前景目标的运动速度、运动轨迹和目标数量的变化规律,实现对人群短时聚集、建筑物异常倒塌等异常事件的检测.

本文建立的前景目标提取和追踪模型准确率高,实用性强,可灵活应用于交通检测、场景监测、目标追踪等多个领域,有很强的推广性和通用性.在解决问题的过程中,创新性地采用了帧差法、光流法、单高斯模型、仿射变换、相关性分析等多种方法相结合,可相互补充.

关键词:帧差法 单高斯模型 光流法仿射变换

3.1 问题重述

3.1.1 问题背景

视频监控是中国安防产业中最为重要的信息获取手段.随着"平安城市"建设的顺利开展,各地普遍安装监控摄像头,利用大范围监控视频的信息,应对安防等领域存在的问题.近年来,中国各省市县乡的摄像头数目呈现井喷式增长,为人们提供了丰富、海量的监控视频信息.

目前,监控视频信息的自动处理与预测在信息科学、计算机视觉、机器学习、模式识别等多个领域中受到极大的关注,而如何有效、快速地抽取出监控视频中的前景目标信息是其中非常重要而基础的问题.

3.1.2 数据集

题目附件中提供的视频数据.

3.1.3 提出问题

根据上述问题背景及数据,题目要求通过设计有效的模型与方法,自动从视频中分离前景目标,并进一步研究解决下列问题:

①对一个不包含动态背景、摄像头稳定拍摄时间大约 5 s 的监控视频,构造提取前景目标的数学模型,并对该模型设计有效的求解方法,从而实现分离出前景目标的效果.

②对包含动态背景信息的监控视频,设计有效的前景目标提取方案.典型的动态视频背景如树叶摇动、水波动、喷泉变化、窗帘晃动等.

③对监控摄像头发生晃动或偏移时所拍摄的视频,设计模型有效地提取前景目标.

④请利用构造的建模方法,从每组视频中选出包含显著前景目标的视频帧标号,以检验模型的有效性和准确性.

⑤如何通过从不同角度同时拍摄的近似同一地点的多个监控视频中有效地检测和提取视频前景目标?请充分考虑并利用多个角度视频的前景之间(或背景之间)相关性信息.

⑥利用所获取前景目标信息,能否自动判断监控视频中有无人群短时聚集、人群惊慌逃散、群体规律性变化(如跳舞、列队排练等)、物体爆炸、建筑物倒塌等异常事件?可考虑的特征信息包括前景目标奔跑的线性变化形态特征、前景规律性变化的周期性特征等.尝试对更多的异常事件类型,设计相应的事件检测方案.

3.2 模型假设

①假设一个物体的亮度颜色在前后两帧没有巨大而明显的变化.
②时间连续性:随着时间的变化,帧间对应的前景目标像素点的运动足够小.
③空间一致性:相邻的像素点具有相似的运动.

3.3 符号说明

①X:视频图片集.
②$x_1,x_2,\cdots,x_t$:第1到第t帧图片.
③$x_{t1},x_{t2},\cdots,x_{ti}$:第$t$帧图片每个像素点的像素值.
④z_{ti}:0-1处理后的像素值.
⑤I:灰度值.
⑥r:相关系数.
其余符号文中说明.

3.4 问题分析

3.4.1 问题一

问题一要求对一个不包含动态背景、摄像头稳定拍摄时间大约5 s的监控视频,构造提取前景目标的数学模型.由于摄像头稳定且视频中不包含动态背景,根据假设①,可以近似认为一个物体的颜色在前后两帧没有巨大而明显的变化,因此背景点前后两帧的像素值之差应该近似为零.

方法一:先寻找前景轮廓,再填充,提取前景目标.以单一像素点为研究对象,相邻两帧的像素值相减,若差值不为零,则该点必然为前景目标的边缘轮廓,再用 MATLAB 对轮廓之间进行填充,即可得到完整的前景目标.

方法二:用高斯平均模型选出背景,再用当前帧的完整图像与之相减,获得帧差图像,即为前景目标.

3.4.2 问题二

根据题意,对包含动态背景信息的监控视频,设计有效的前景目标提取方案.典型的动态视频背景如树叶摇动、水波动、喷泉变化、窗帘晃动等.可以通过光流法检测物体的运动.属于动态背景的像素点的运动是一定区间内的周期性波动,然而,属于前景目标的像素点的运动往往是一致性的.可以综合运用波形分析和阈值设定,从而筛选出前景目标.

3.4.3 问题三

当监控摄像头发生晃动或偏移时,先需要寻找晃动或偏移的位置和角度,通过图像中的特征点——Harris 角点,筛选出 Harris 角点运动方向一致率较高的区域,即可认为是背景区域,再计算出背景偏移的位置和角度.每一帧根据下一帧偏移的位置和角度作仿射变换,即可抵消掉摄像头晃动带来的影响,接下来,利用问题一中的模型即可选出前景目标.

3.4.4 问题四

根据之前建立的模型和计算方法,对8组视频实例进行前景的目标提取,要求给出含有显著前景目标的视频帧标号. 可对问题一中得到的二值图像进行统计,计算出每一帧赋值为"1"的像素点个数,即属于前景目标的像素点个数. 再设定适当的阈值,即可找出含有显著前景目标的视频帧标号.

3.4.5 问题五

单一角度拍摄的视频,会因前景间的相互遮挡而影响对某些前景目标的追踪以及对前景目标动作的捕捉等. 而通过从不同角度同时拍摄的近似同一地点,可以实现对任一前景目标的实时追踪. 通过提取出的各个前景目标提取特征向量,并作相关性分析,来锁定不同视频中的同一目标.

3.4.6 问题六

人群逃散、聚集等异常事件以前景目标点的数量,运动方向及运动速率的异常改变为特征;物体爆炸、建筑物倒塌等异常事件以背景快速改变后又短时间恢复稳定为特征. 根据异常事件特征,利用第二问已建立的光流法模型及第五问中目标追踪模型,即可实现对异常事件的检测.

3.5 模型的建立与求解

3.5.1 问题一:静态背景、稳定拍摄的视频的前景目标提取

根据问题中的要求,对一个不包含动态背景、摄像头稳定拍摄时间大约 5 s 的监控视频,构造提取前景目标的数学模型. 根据假设①,可以近似认为一个物体的颜色在前后两帧没有巨大而明显的变化,背景点前后两帧的像素值之差应该近似为零.

3.5.1.1 方法一:帧差法模型及求解方法

为了排除光线亮度对像素值的影响,利用归一化处理方法对各帧进行亮度调整,使得各帧上所有像素点的像素值的均值保持一致.

(1)帧差法过滤背景

利用帧差法,将相邻两帧的同一点的像素值相减,若差值趋近于零,则认为是背景. 这里将趋近于零定义为:低于该点像素峰值的 95%. 接下来,进行"0-1 规划",背景赋值为"0",前景目标赋值为"1". 但此时提取出的前景目标中,主要包括运动中的前景目标的轮廓和一部分噪声点. 若某前景像素点为孤立点,即与之在三维空间上相邻的 26 个点均属于背景,则认为该点为噪声点,予以去除,赋值从"1"变为"0".

(2)膨胀腐蚀法填充前景目标

由于目前所得到的前景目标的轮廓点存在不连续的状况,因此,利用"膨胀—填充—腐蚀"的方法进行处理[1]. 首先,采用膨胀算法,即用 3×3 的结构元素,扫描图像的每个像素点,用结构元素与其覆盖的二值图像作"与"操作,如果都为"0",结果图像的该像素点赋值为"0",否则为"1". 膨胀算法可使得原来的前景目标轮廓扩大一圈,使前景目标轮廓不连续的部分得以连续;然后,根据前景目标封闭的轮廓进行填充,得到完整的前景目标.

接下来,将填充完毕后得到的前景目标的边缘点,与膨胀前进行比对,若膨胀前该点

赋值为"0",且其相邻点也赋值为"0",则该点为膨胀而来的点,需重新腐蚀掉,赋值从"1"变为"0".如此便可使前面目标轮廓减小一圈.

利用先膨胀后腐蚀的过程可以填充物体内细小空洞,连接邻近物体,平滑其边界,但同时并不会明显改变原来物体的面积.将轮廓完整、填充完毕的前景目标,再进行二次去噪处理,并还原前景目标原有的像素值.操作流程如图 3.4 所示,最终可得到清晰的前景目标图像.

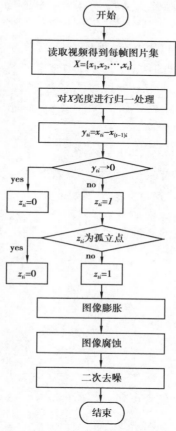

图3.4　帧差法模型及求解方法流程图

(3)实例分析

以附件 2 中名为"hall"的视频为例,利用帧差法提取前景目标.如图 3.2 所示,其中,图 3.5(a)为第 20 帧的原始图像,图 3.5(b)为帧差法减去背景后得到的前景目标的轮廓,图 3.5(c)为经过膨胀腐蚀算法填充后的前景目标,图 3.5(d)为还原前景目标原有的像素值所得的图像.

(a)第20帧的原始图像

(b)帧差法前景目标的轮廓

 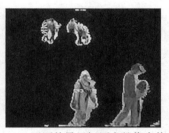

（c）膨胀腐蚀算法的前景目标　　（d）还原前景目标原有的像素值

图3.5　帧差法应用效果

与题目附件中第20帧前景图像对比，计算吻合率如下：

$$吻合率=\left(1-\frac{错误点数}{总点数}\right)\times100\%=\left(1-\frac{1\ 672}{25\ 344}\right)\times100\%=93.4\%$$

说明帧差法提取前景目标有效.

3.5.1.2　方法二：单高斯模型及求解方法

单高斯模型适用于单模态背景情形，对一个背景图像，特定像素亮度的分布满足高斯分布，利用单高斯模型检测前景目标的步骤如下[2]：

Step 1：建立每个像素点的像素值分布高斯模型. 对视频序列图像进行训练，得到每个像素点的颜色分布的初始高斯模型如下：

$$\eta(x,\mu_0,\sigma_0) \tag{3.1}$$

设视频中共有 t 帧图像，则有：

$$\mu_0=\frac{1}{t}\sum_{i=0}^{t-1}x_i \tag{3.2}$$

$$\sigma_0=\sqrt{\frac{1}{t}\sum_{i=0}^{t-1}(x_i-\mu_0)^2} \tag{3.3}$$

式中，μ 为均数，σ 为标准差.

Step 2：对每帧图像的每个像素点建立高斯模型.

$$\eta(x_{ti},\mu_{ti},\sigma_{ti}) \tag{3.4}$$

Step 3：判断该像素点属于前景还是属于背景. 设 Tp 为概率阈值，若

$$\eta(x_{ti},\mu_{ti},\sigma_{ti})\leqslant Tp \tag{3.5}$$

则认为该点为前景点，否则为背景点.

Step 4：用等价的阈值 T 替代概率阈值，记 $d_{ti}=|x_{ti}-\mu_{ti}|$，若 $d_{ti}/\sigma_{ti}>T$，则该点为前景点，否则为背景点，即

$$z_{ti}=\begin{cases}1, & \dfrac{d_{ti}}{\sigma_{ti}}>T \\ 0, & \dfrac{d_{ti}}{\sigma_{ti}}\leqslant T\end{cases} \tag{3.6}$$

根据如图3.6所示的单高斯模型算法，同样以附件2中名为"hall"的视频为例，提取前景目标. 应用效果如图3.7所示，其中，图3.7（a）为第8帧的原始图像，图3.7（b）为单高斯模型计算出的图像背景，图3.7（c）为原图减去背景图像得到的二值图，图3.7（d）为还原前景目标原有的像素值所得的图像.

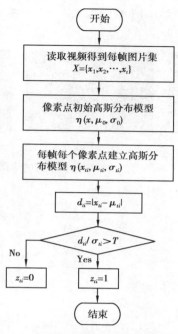

图 3.6　单高斯模型求解方法流程图

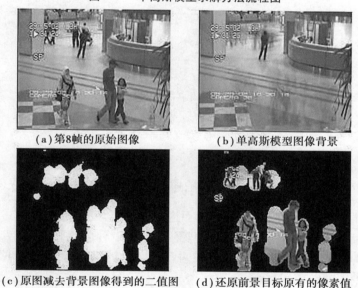

（a）第8帧的原始图像　　　　　　（b）单高斯模型图像背景

（c）原图减去背景图像得到的二值图　　（d）还原前景目标原有的像素值

图 3.7　单高斯模型的应用效果

与题目附件中第 8 帧前景图像对比

$$吻合率=(1-\frac{3\ 698}{25\ 344})\times100\%=85.4\%$$

由图可知,单高斯模型在获取背景时有前景干扰的情况下,容易出现图 3.7(d)所示的拖尾现象.

3.5.1.3　两种方法的比较

帧差法和单高斯模型提取附件 2 中名为"pedestrian"的视频的前景目标,效果对比如

图 3.8 所示,其中,图 3.8(a)为第 15 帧的原始图像,图 3.8(b)为帧差法提取的前景目标,图 3.8(c)为单高斯模型提取的前景目标.

 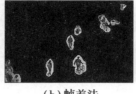 

(a)原图   (b)帧差法   (c)单高斯模型

图 3.8　两种方法提取前景目标的应用效果

与题目附件中第 15 帧前景图像对比

$$\text{帧差法吻合率} = (1 - \frac{1\ 842}{37\ 604}) \times 100\% = 95.1\%$$

$$\text{单高斯模型吻合率} = (1 - \frac{2\ 497}{37\ 604}) \times 100\% = 93.3\%$$

两种方法提取前景目标各有优势与不足,见表 3.1,可根据视频的特点选择合适的方法.

表 3.1　两种方法的优缺点比较

	帧差法	单高斯模型
优点	视频的长短不限	静态动态的前景目标均可识别
缺点	无法识别出短暂静止的前景目标	不包含完整背景时会造成拖尾现象

模型点评:采用两种经典的目标检测算法——帧差法和单高斯模型分别实现了静态背景条件下监控视频前景目标的提取,并通过数值试验比较了两种方法的优缺点.试验表明帧差法在提取精度上优于单高斯模型.可考虑使用混合高斯模型进一步提高模型精度,改进高斯模型效果.

问题一的程序

3.5.2　问题二:动态背景、稳定拍摄的视频的前景目标提取

在问题一的基础上,出现了动态背景,而这一部分的像素点由于一直处于持续的变化中,通过帧差法或高斯模型都不能直接将其识别为背景.因此,引入光流法,通过对像素点运动规律的分析,来实现对动态背景的剔除.然后,与问题一中的方法相结合,就可以提取出前景目标.

3.5.2.1　光流法基本原理

光流场可以简单地理解为物体的速度矢量场,包括两个分量 u 和 v,即某点光流的 x、y 方向上的分量.设某帧画面有一点 (x,y),它代表的是场景中某一点 (x,y,z) 在图像平面上的投影,该点在时刻 t 的灰度值为 $I(x,y,t)$.假设该点在 $(t+\Delta t)$ 时刻运动到了 $(x+\Delta x, y+\Delta y)$,在很短的时间内,该点灰度值保持不变,则有

$$I(x+u\Delta t, y+v\Delta t, t+\Delta t) = I(x,y,t) \tag{3.7}$$

根据假设①,亮度随时间平滑变化,可以将式(3.7)按泰勒公式展开,则可得到

$$I(x,y,t) + \Delta x \frac{\partial I}{\partial x} + \Delta y \frac{\partial I}{\partial y} + \Delta t \frac{\partial I}{\partial t} + e = I(x,y,t) \tag{3.8}$$

其中, e 包括 Δx, Δy, Δt 中二次以上的项.

将式(3.8)两边除以 Δt, 并取 $\Delta t \rightarrow 0$, 可以得到

$$\frac{\partial I}{\partial x}\frac{\mathrm{d}x}{\mathrm{d}t}+\frac{\partial I}{\partial y}\frac{\mathrm{d}y}{\mathrm{d}t}+\frac{\partial I}{\partial t}=0 \tag{3.9}$$

也就是

$$I_x u + I_y v + I_t = 0 \tag{3.10}$$

其中, $u=\dfrac{\mathrm{d}x}{\mathrm{d}t}$, $v=\dfrac{\mathrm{d}y}{\mathrm{d}t}$, $I_x=\dfrac{\partial I}{\partial x}$, $I_y=\dfrac{\partial I}{\partial y}$, $I_t=\dfrac{\partial I}{\partial t}$.

$I_x=\dfrac{\partial I}{\partial x}$, $I_y=\dfrac{\partial I}{\partial y}$, $I_t=\dfrac{\partial I}{\partial t}$ 分别对 I 求偏导, 得

$$I_x=\frac{1}{4\Delta x}\left[\left(I_{i+1,j,k}+I_{i+1,j,k+1}+I_{i+1,j+1,k}+I_{i+1,j+1,k+1}\right)-\left(I_{i,j,k}+I_{i,j,k+1}+I_{i,j+1,k}+I_{i,j+1,k+1}\right)\right]$$

$$I_y=\frac{1}{4\Delta y}\left[\left(I_{i,j+1,k}+I_{i,j+1,k+1}+I_{i+1,j+1,k}+I_{i+1,j+1,k+1}\right)-\left(I_{i,j,k}+I_{i,j,k+1}+I_{i+1,j,k}+I_{i+1,j,k+1}\right)\right]$$

$$I_t=\frac{1}{4\Delta t}\left[\left(I_{i,j+1,k}+I_{i,j+1,k+1}+I_{i+1,j,k}+I_{i+1,j+1,k+1}\right)-\left(I_{i,j,k}+I_{i,j+1,k}+I_{i+1,j,k}+I_{i+1,j+1,k}\right)\right]$$

根据假设②和假设③, 在图像平面内足够小的区域 ROI 内, 且在足够短的时间以内, 两帧图像间的运动可以近似为线性变化, 即

$$u=V_x, v=V_y \tag{3.11}$$

将式(3.11)代入式(3.10)可得

$$\frac{\partial I}{\partial x}V_x+\frac{\partial I}{\partial y}V_y=-\frac{\partial I}{\partial t} \tag{3.12}$$

式(3.12)对 ROI 中的 N 个像素点都成立, 这样就可以得到由 N 个方程组成的方程组, 进而求得光流的速度场[3].

3.5.2.2 基于光流法的动态背景剔除

以附件 2 中名为"airport"的动态背景视频为例, 通过光流法可得到每帧图像的光流速度场, 如图 3.9 所示为第 28 帧的光流速度场, 其中, 箭头所指的方向代表速度的方向, 长度代表速度的大小.

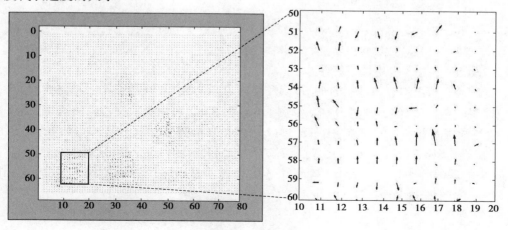

图 3.9　光流速度场及局部放大图

接下来,通过分析单个像素点合速度的波形来寻找规律.对有前景目标出现的像素点,如图 3.10 所示,原始图像中出现前景目标的时刻就是在波形图中出现异常波峰的时刻,这样的异常波峰命名为"前景波".

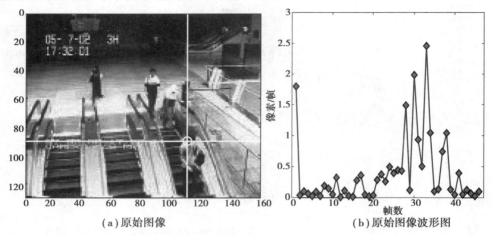

（a）原始图像　　　　　　　　（b）原始图像波形图

图 3.10　前景目标的像素点合速度的波形图

对只有静态背景出现的像素点,合速度数值较小且无明显波动,如图 3.11 所示.

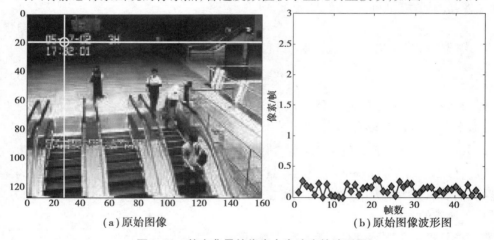

（a）原始图像　　　　　　　　（b）原始图像波形图

图 3.11　静态背景的像素点合速度的波形图

对视频中动态背景所对应的像素点,合速度的波形图中出现周期性的持续波动,命名为"动态背景波",如图 3.12 所示.

接下来,利用均值与峰值的关系,以及波峰出现的频率作限制条件,剔除含有"动态背景波"的点,其余各点赋值为"1",如图 3.13（d）所示.再用无动态背景的点集[图 3.13（d）]与利用问题一中的帧差法[图 3.13（b）]或单高斯模型[图 3.13（c）]得到的二值图,作"与"操作,如果都为 1,结果图像的该像素为 1,否则为 0.这样就可以在帧差法或单高斯模型的基础上滤掉动态背景,从而筛选出只含前景目标的视频图像,应用效果如图 3.13（e）和图 3.13（f）所示.

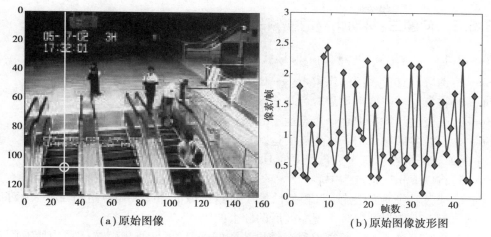

（a）原始图像　　　　　　　　　　（b）原始图像波形图

图 3.12　动态背景的像素点合速度的波形图

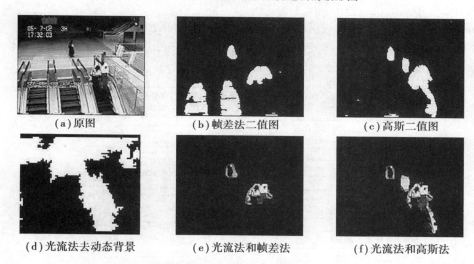

（a）原图　　　　（b）帧差法二值图　　　　（c）高斯二值图

（d）光流法去动态背景　　　（e）光流法和帧差法　　　（f）光流法和高斯法

图 3.13　动态背景的视频提取前景目标的效果图

与题目附件中"airport"视频第 28 帧前景图像对比：

$$光流法+帧差法吻合率 = (1-\frac{1\ 803}{20\ 800})\times100\% = 91.3\%$$

$$光流法+高斯法吻合率 = (1-\frac{2\ 109}{20\ 800})\times100\% = 89.9\%$$

由图可知，单高斯模型本身具有一定的滤掉动态背景的能力，但是最终仍然存在少许拖尾现象；单纯使用帧差法完全无法区分动态背景与前景，而与光流法去动态背景相结合之后，提取前景目标的效能大幅提高，甚至优于单高斯模型与光流法的结合.

问题二的程序

模型点评：针对动态背景干扰问题，提出了光流法+帧差法（高斯法）的前景目标提取算法.动态背景和前景目标运动特征不同，通过光流法计算得到的动态背景像素点合速度波形图具有周期性，而前景目标由于运动的随机性，其像素点合速度并不具有这种特征.因此，基于该特征可以准确别除动态背景的干扰，从而大大提高前景目标提取的准确性.

3.5.3 问题三:抖动拍摄的视频的前景目标提取

3.5.3.1 求解每帧图像放射变换模式

Step 1:选取具有代表性的像素点——Harris 角点,通常是图中的特征点和拐点.

Step 2:将每一帧图像平均划分为 9 个区域.

Step 3:光流法计算出 Harris 角点运动方向.

Step 4:比较各区域中 Harris 角点的运动方向,筛选出运动方向一致率较高的两个区域,其中的 Harris 角点可认为是背景中的 Harris 角点.

Step 5:将以 Harris 角点为中心的 9×9 个像素点作为一个整体,求出特征值.

Step 6:通过特征值的比较,将相邻两帧中背景区域的 Harris 角点进行配对,配对成功的 Harris 角点可认为是同时出现在前后两帧上的同一点.

Step 7:为减少单一点的数据偏移对结果造成的误差,可计算出背景区域中所有配对成功的 Harris 角点的位置重心.

Step 8:比较前后两帧,背景区域重心的位置变化,可求出 Δx 和 Δy,作为整体背景的位置变化,两个背景区域重心连线的角度变化,可求出 $\Delta \theta$,作为整体背景角度的变化.

算法流程图如图 3.14 所示.

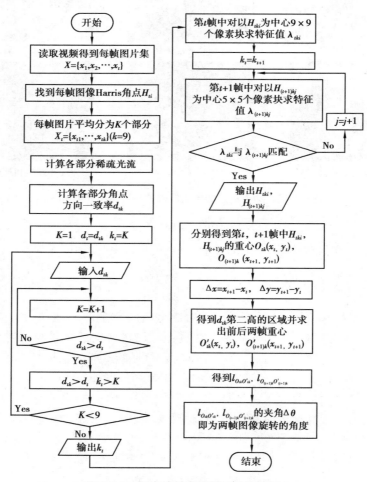

图 3.14 寻找放射变换模式的流程图

（1）Harris 角点原理

人眼对角点的识别通常是在一个局部的小区域或小窗口内完成.如果在不同方向上移动这个小窗口,窗口内区域的灰度发生了较大的变化,那么就认为在窗口内遇到了角点.如图 3.15 所示,如果这个特定的窗口在图像不同方向上移动时,窗口内图像的灰度值均没有变化,则窗口内不存在角点;若窗口在某一方向上移动时,窗口内图像的灰度值发生了较大的变化,而在另一些方向上没有发生变化,那么,窗口内的图像则可能是一条直线[3].

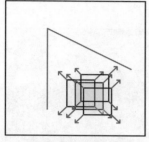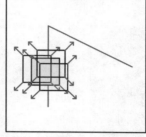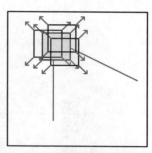

（a）特定的窗口沿方向1移动　（b）特定的窗口沿方向2移动　（c）特定的窗口沿方向3移动

图 3.15　Harris 角点基本原理

（2）Harris 角点模型的建立

将图像窗口平移 $[u,v]$ 产生的灰度变化为 $E(u,v)$,则有

$$E(u,v) = \sum_{x,y} w(x,y)\left[I(x+u,y+v) - I(x,y)\right]^2 \qquad (3.13)$$

其中,$w(x,y)$ 是以点 (x,y) 为中心的窗口.

因为

$$I(x+u,y+v) = I(x,y) + I_x u + I_y v + O(u^2+v^2) \qquad (3.14)$$

其中,$I_x u$、$I_y v$ 为 $I(x,y)$ 的偏导数,代表图像在 x、y 方向上的曲率,$O(u^2+v^2)$ 为误差项,所以,有

$$E(u,v) = \sum_{x,y} w(x,y)\left[I_x u + I_y v + O(u^2+v^2)\right]^2 \qquad (3.15)$$

又有

$$[I_x u + I_y v]^2 = \begin{bmatrix} u & v \end{bmatrix} \begin{bmatrix} I_x^2 & I_x I_y \\ I_x I_y & I_y^2 \end{bmatrix} \begin{bmatrix} u \\ v \end{bmatrix} \qquad (3.16)$$

对局部微小运动量 $[u,v]$,可近似得到

$$E(u,v) \cong \begin{bmatrix} u & v \end{bmatrix} M \begin{bmatrix} u \\ v \end{bmatrix} \qquad (3.17)$$

其中

$$M = \sum_{x,y} w(x,y) \begin{bmatrix} I_x^2 & I_x I_y \\ I_x I_y & I_y^2 \end{bmatrix} \rightarrow M = \begin{bmatrix} \lambda_1 & 0 \\ 0 & \lambda_2 \end{bmatrix} \qquad (3.18)$$

其中,λ_1 和 λ_2 分别代表了 x 和 y 方向的灰度变化率.

当 $\lambda_1 \gg \lambda_2$ 或 $\lambda_2 \gg \lambda_1$ 时,代表图像中的直线;λ_1 和 λ_2 均小,且近似相等,代表图像中的平面;λ_1 和 λ_2 均大,且近似相等,代表图像中的角点.

（3）相邻两帧 Harris 角点的匹配

以 Harris 角点为中心，取 9×9 个像素点作为一个整体 A，计算出 A 的灰度直方图，作为其特征向量．根据上述方法，求出背景区域内所有 Harris 角点的特征向量．将特征向量除以像素点的数量得到 Harris 角点的频率分布向量．

将相邻两帧的 Harris 角点的频率分布向量进行相关性分析，相关系数越大，说明相关性越好，即选取配为一对．匹配成功的点即认为是同一点在相邻两帧上的位置分布．

（4）结果

以附件 2 中有晃动文件夹中"cars7"为例，第一帧和第二帧得到的角点如图 3.16 所示．

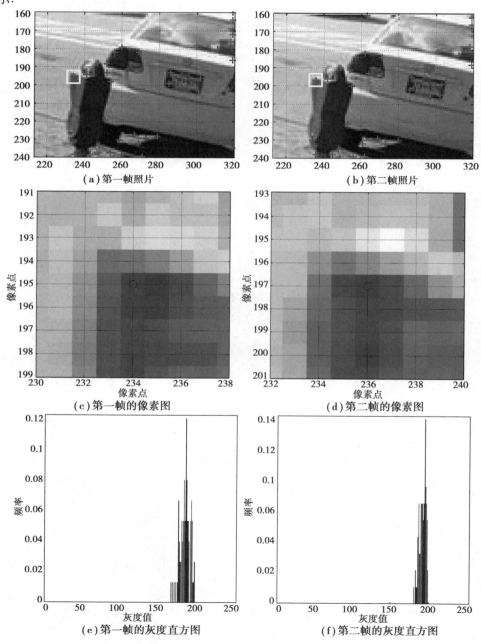

（a）第一帧照片 （b）第二帧照片

（c）第一帧的像素图 （d）第二帧的像素图

（e）第一帧的灰度直方图 （f）第二帧的灰度直方图

图 3.16　相邻两帧角点的匹配结果

以图 3.16(a)(b)中的方框标出的角点为例,以其为中心,取 9×9 个像素点作为一个整体 A,进一步求得该区域的灰度直方图,并求得第一帧和第二帧该角点的频率分布向量,且进行相关性分析,结果见表 3.2.第一帧所有角点与第二帧所有角点的相关性分析结果见附录.

表3.2　两帧图像角点的相关性分析

r	P 值
0.74	$9.86×10^{-46}$

由表 3.2 可知,$P \ll 0.01$,说明两帧图像的 Harris 角点显著相关,认为其相匹配.

3.5.3.2　仿射变换模型建立

仿射变换一般用 1 个 3×3 的矩阵表示,其最后一行为(0, 0, 1).该变换矩阵将原坐标(x, y)变换为新坐标(x', y'),这里原坐标和新坐标视为最后一行为 1 的三维列向量,原列向量左乘变换矩阵得到新的列向量[4]:

$$\begin{bmatrix} x' \\ y' \\ 1 \end{bmatrix} = \begin{bmatrix} m00 & m01 & m02 \\ m10 & m11 & m12 \\ 0 & 0 & 1 \end{bmatrix} \begin{bmatrix} x \\ y \\ 1 \end{bmatrix} = \begin{bmatrix} m00×x & m01×y & m02 \\ m10×x & m11×y & m12 \\ 0 & 0 & 1 \end{bmatrix} \tag{3.19}$$

(1)平移变换

将每一点移动到$(x+tx, y+ty)$的变换矩阵为:

$$\begin{bmatrix} 1 & 0 & tx \\ 0 & 1 & ty \\ 0 & 0 & 1 \end{bmatrix} \tag{3.20}$$

(2)旋转变换

目标图形以(x, y)为轴心,顺时针旋转 θ 度的变换矩阵为:

$$\begin{bmatrix} \cos\theta & -\sin\theta & x-x×\cos\theta+y×\sin\theta \\ \sin\theta & \cos\theta & y-x×\sin\theta-y×\cos\theta \\ 0 & 0 & 1 \end{bmatrix} \tag{3.21}$$

根据 3.5.3.1 中 step 8 求出的偏移向量,对前一帧图像作仿射变换,抵消掉因抖动带来的图像错位.

(3)结果

以附件 2 中有晃动文件夹中"cars7"为例,每帧图像仿射变换结果见表 3.3.Rad 为弧度,正值代表顺时针旋转,负值代表逆时针旋转.

表3.3　相邻两帧图像的仿射变换结果

Δt	Δx	Δy	ΔRad
1	1	0	0
2	−4	−6	0.7
3	−4	−6	0.5

续表

Δt	Δx	Δy	ΔRad
4	2	−6	0.2
5	0	−6	0.5
6	2	−6	0.8
7	2	−6	0.9
8	−4	−6	0.5
9	6	−6	0.9
10	−4	−2	−0.1
11	0	0	−0.5
12	−6	−4	0.9
13	−4	0	−0.9
14	−2	6	0.5
15	−6	0	−1
16	−2	6	0.5
17	−4	6	0.5
18	−4	0	−0.5
19	2	−2	−1
20	0	0	−0.5
21	4	−2	−1
22	4	−4	−0.5
23	2	−2	1
24	−2	−2	0

3.5.3.3 提取前景目标

步骤同问题一,利用帧差法提取出前景目标.有晃动文件夹中"cars7"中第 22 帧结果如图 3.17 所示.

（a）原图景目标

（b）帧差法提取前景目标

图 3.17　晃动视频的前景目标提取结果

与题目附件中第 22 帧前景图像对比：

$$吻合率 = (1 - \frac{8\ 000}{76\ 800}) \times 100\% = 89.6\%$$

模型点评：采用经典的 Harris 角点检测算法实现了视频数据的帧间角点匹配，并在此基础上通过仿射变换算法消除抖动引起的图像错位，得到背景相对稳定的视频. 建模思路清晰，算法详尽. 算法流程和试验部分如果能够更加连贯详尽，那么论文就更加完善了.

问题三的程序

问题三的附录

3.5.4 问题四：对 8 组视频实例的前景目标提取

由于这 8 组视频均包含动态背景，因此采用光流法和帧差法相结合的模型，可得到只包含前景目标的二值图像，对其进行统计，计算出每一帧赋值为"1"的像素点个数，即前景目标的像素点个数. 各个视频中前景目标像素点个数随时间的变化如图 3.18—图 3.25 所示.

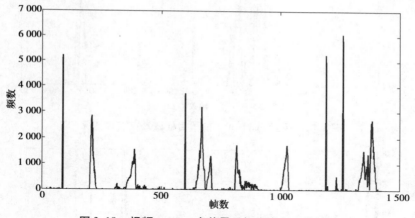
图 3.18　视频 campus 中前景目标像素点变化情况

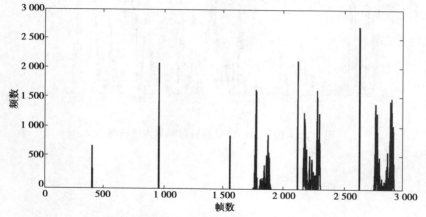
图 3.19　视频 curtain 中前景目标像素点变化情况

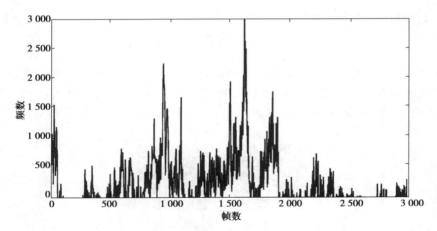

图 3.20   视频 escalator 中前景目标像素点变化情况

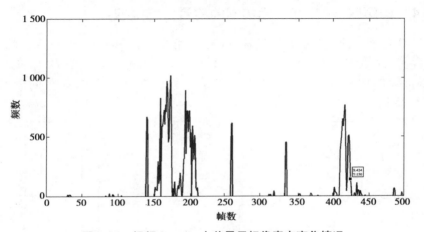

图 3.21   视频 fountain 中前景目标像素点变化情况

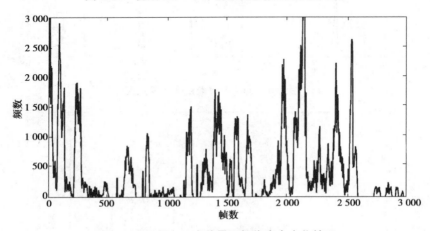

图 3.22   视频 hall 中前景目标像素点变化情况

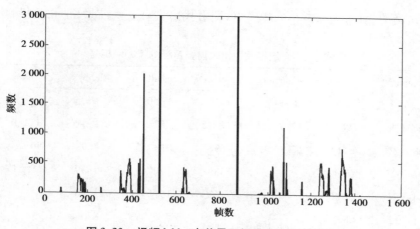

图 3.23 视频 lobby 中前景目标像素点变化情况

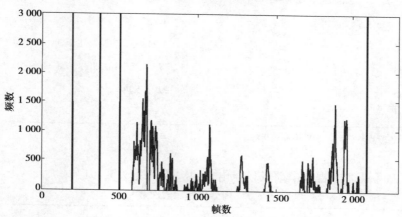

图 3.24 视频 office 中前景目标像素点变化情况

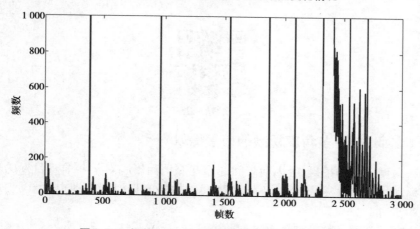

图 3.25 视频 overpass 中前景目标像素点变化情况

设定适当的阈值,去除微小的噪声点,即可找出含有显著前景目标的视频帧标号,见表 3.4.

表 3.4　8 组视频中出现前景目标的视频帧标号

计数	campus	curtain	escalator	fountain	hall	lobby	office	overpass
1	85	411	1-145	141	1-509	79	197	373
2	200-224	967	217-2 393	157-212	578	152-196	372	968
3	308-521	1 561	2 757-3 417	259	601-745	259	501	1 550
4	600	1 757-1 903	—	335	795	346-393	581-2 043	1 880
5	644-683	2 126	—	409-523	815-849	623-669	—	2 097
6	691-712	2 170-2 316		—	855-1 053	870	—	2 334-2 961
7	810-907	2 642		—	1 138	965-1 036		
8	1 005-1 035	2 767-2 930		—	1 152	1 161		
9	1 193	—		—	1 212	1 238-1 283		
10	1 264	—		—	1 277-3 350	1 333-1 538		
11	1 265	—		—	3 399-3 534			
12	1 330-1 405							

注:标记部位为该段视频最后一次出现前景目标.

由表 3.4 可知,8 组视频中前景目标出现的次数见表 3.5.

表 3.5　前景目标出现次数

视频	campus	curtain	escalator	fountain	hall	lobby	office	overpass
次数	12	8	3	5	11	10	4	6

问题四的程序

3.5.5　问题五:多角度视频的前景提取

对单一角度视频的拍摄,会因前景间的相互遮挡而影响对某些前景目标的追踪以及对前景目标动作的捕捉等.通过从不同角度同时拍摄的近似同一地点,可以实现对任一前景目标的实时追踪.

Step 1:利用问题一的模型分离得到前景目标.

Step 2:利用 3.5.3.1 节的特征向量提取方法及相关性分析,得到不同视频前景间的相关系数及 p 值.

Step 3:通过相关性分析实现同一前景目标的匹配.

从 4 个角度同时拍摄的近似同一地点的视频,以第 963 帧为例,得到的前景目标如图 3.26 所示,相关性分析结果见表 3.6.

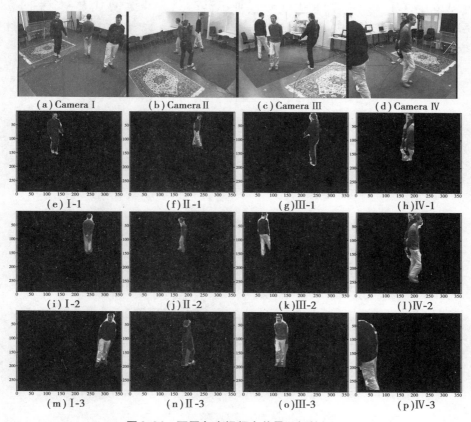

图 3.26　不同角度视频中前景目标的提取

表 3.6　相关系数

编号	I-1	I-2	I-3	II-1	II-2	II-3	III-1	III-2	III-3	IV-1	IV-2	IV-3
I-1	1.00	0.19	0.24	0.25	0.57	0.61	0.70	0.52	-0.02	0.19	0.13	0.28
I-2	0.19*	1.00	0.67	0.38	0.70	0.13	0.37	0.69	0.75	0.35	0.52	0.58
I-3	0.24*	0.67*	1.00	0.78	0.32	0.40	0.54	0.83	0.75	-0.02	0.07	0.74
II-1	0.25*	0.38*	**0.78****	1.00	0.58	0.57	0.06	0.58	0.12	0.33	0.67	0.01
II-2	0.57*	**0.70****	0.32*	0.58*	1.00	0.87	0.36	0.05	0.43	0.48	0.37	0.10
II-3	**0.61****	0.13	0.40*	0.57*	0.87*	1.00	0.44	0.07	-0.05	0.56	0.22	0.19
III-1	**0.70****	0.37*	0.54*	0.06	0.36	**0.44****	1.00	0.59	0.39	0.46	0.03	0.67
III-2	0.52*	0.69*	**0.83****	**0.58****	0.05	0.07	0.59*	1.00	0.48	0.08	0.26	0.81
III-3	-0.02	**0.75****	0.75*	0.12	**0.43****	-0.05	0.39*	0.48*	1.00	0.09	0.53	0.73
IV-1	**0.59****	0.35*	-0.02	0.33*	0.48*	**0.56****	**0.46****	0.08	0.09	1.00	0.65	-0.01
IV-2	0.13	**0.52****	0.07	0.67*	**0.37****	0.22*	0.03	0.26*	**0.53****	0.65*	1.00	0.02
IV-3	0.28*	0.58*	**0.74****	0.01	0.10	0.19*	0.67*	**0.81****	0.73*	-0.01	0.02	1.00

表 3.6 中,(Ⅰ-1 至 3),(Ⅱ-1 至 3),(Ⅲ-1 至 3),(Ⅳ-1 至 3)代表 4 个不同机位,加粗数字代表不同视频中最高的 3 个相关系数,加粗 ** / * 代表 $P<0.05$,即求得的相关系数有统计学意义.匹配结果见表 3.7—表 3.9.

表 3.7　目标 1 的相关性分析

前景图像编号	Ⅰ-1	
	r	P 值
Ⅱ-3	0.61	3.59×10^{-27}
Ⅲ-1	0.70	3.92×10^{-39}
Ⅳ-1	0.59	0.002 2

表 3.8　目标 2 的相关性分析

前景图像编号	Ⅰ-2	
	r	P 值
Ⅱ-2	0.70	1.18×10^{-3}
Ⅲ-3	0.75	3.71×10^{-48}
Ⅳ-2	0.52	2.08×10^{-19}

表 3.9　目标 3 的相关性分析

前景图像编号	Ⅰ-3	
	r	P 值
Ⅱ-1	0.78	6.81×10^{-6}
Ⅲ-2	0.83	1.09×10^{-12}
Ⅳ-3	0.74	1.18×10^{-45}

问题五的程序

由表 3.7—表 3.9 可知,其 P 值均满足 $P \ll 0.01$,说明两帧图像的前景目标显著相关,可以认为其为同一目标.

3.5.6　问题 6:异常事件检测

异常事件包括人群短时聚集、人群惊慌逃散、群体规律性变化(如跳舞、列队排练等)、物体爆炸、建筑物倒塌等,都在短时间内伴随速度、前景目标数量的大幅度改变.可以利用问题二中的光流法,通过分析其光流场,得到目标的运动特征,来实现对异常事件的监测.

3.5.6.1　人群短时聚集

在正常情况下,前景目标的运动具有方向、速率的不确定性,对人群短时聚集的情况,其具有以下特点:

①前景目标数量增加.

②前景目标运动方向趋于同一目的地.

③前景目标运动速率增快.

3.5.6.2　人群惊慌逃散

人群惊慌逃散时的特点:

①前景目标数量减少.

②前景目标运动方向是朝向各个方向的.

③前景目标运动速率增快.

3.5.6.3　群体规律性变化

群体规律性变化的特点主要表现为大部分前景目标运动方向及运动速率的一致性.

3.5.6.4　物体爆炸、建筑物倒塌

此类异常事件的特点为稳定背景突然出现剧烈改变后,短时间内又恢复稳定.

根据异常事件的不同特点,选取人群聚集和建筑物倒塌两种异常事件来对算法进行验证.

通过光流法及问题五中对前景目标的追踪,可实现对人群短暂聚集的监测.结果如图 3.27—图 3.29 所示.前景目标不仅数量增加,且运动方向一致.

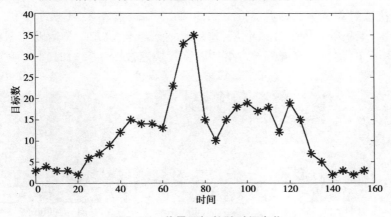

图 3.27　前景目标数随时间变化

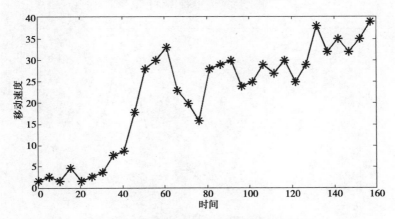

图 3.28　前景目标移动速度随时间的变化

图 3.29　人群短暂聚集的目标运动轨迹

通过光流法对建筑物倒塌进行检测,结果如图 3.30 和图 3.31 所示.

人群逃散、聚集等异常事件以前景目标点的数量、运动方向及运动速率的异常改变为特征;物体爆炸、建筑物倒塌等异常事件以背景快速改变后又短时间恢复稳定为特征.上述结果符合这一规律,同时验证了运算方法的可靠性.

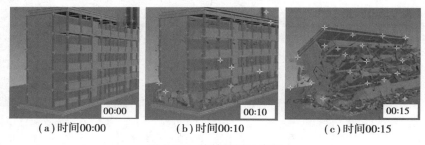

图 3.30　建筑倒塌示意图

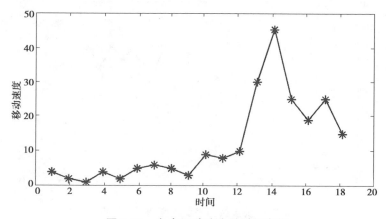

图 3.31　角点运动速度随时间变化

3.6　模型的评价及推广

3.6.1　模型的优点

①模型统一,通用性强.本文中的前景目标提取模型在原有的基础上稍作调整即可解决新的更复杂的实际问题,说明该模型具有较强的通用性和推广性.

②降噪合理,结果可靠.综合应用帧差法、高斯法、光流法等,为有效提取视频信息提供了切实可行的方案.

3.6.2　模型的不足

①光流法中对光流速度场的计算非常复杂,运算量较大,运行耗时较长.

②为了降低噪声和简化问题,对一些细节作了适当的删减,会使提取的前景目标丢失一些细节信息.

3.6.3　模型的推广

本文建立的基于帧差法或单高斯模型的前景目标提取模型,并结合光流法、角点追踪等方法,能根据具体情况选择合理的提取前景目标的方法,可广泛用于解决各类静态、动态背景视频及晃动视频的前景目标提取、运动物体追踪、运动规律分析等方面的问题,有较强的推广性.

本章图片

参考文献

[1] 苏金明,王永利. MATLAB7.0 实用指南[M].北京:电子工业出版社,2004.

[2] 陈超,杨克俭.基于改进的单高斯模型的运动目标检测方法[J].微型机与应用,2010,29(24):39-42.

[3] 袁国武,陈志强,龚健,等.一种结合光流法与三帧差分法的运动目标检测算法[J].小型微计算机系统,2013,34(3):668-671.

[4] 章毓晋.图像工程(上册):图像处理[M].2 版.北京:清华大学出版社,2006.

建模特色点评

本文被评为"华为杯"全国研究生数学建模竞赛优秀论文二等奖,现以全文展示整个建模过程.本文首先采用帧差法和单高斯模型分别实现了静态背景条件下监控视频前景目标的提取,实验表明帧差法提取效果更优.对动态背景的前景目标提取问题,进一步提出了光流法+帧差法(高斯法)的前景目标提取算法,通过光流法计算得到每帧图像的光流速度场,从而剔除掉动态背景,然后使用帧差法或高斯法提取前景目标.对监控摄像头晃动导致的视频抖动现象,通过建立 Harris 角点模型和仿射变换,消除抖动引起的图像错位,得到背景相对稳定的视频,然后使用帧差法提取前景目标.本文最后将建立的前景目标提取算法应用于多角度同目标追踪和异常事件检测等实际问题,取得了良好的效果.论文建模思路清晰、采用方法简单有效、算法描述详尽,并展示了大量的实验结果和对比图表,做出了卓有成效的工作.

帧差法作为最常用的运动目标检测算法,其算法简单,计算量小,但对噪声和阈值的选取较为敏感,而且目标轮廓的不连续性,极易在前景目标轮廓中产生空洞.文章中采用膨胀腐蚀法消除空洞现象,但该方法会引起目标边缘的扩散,降低前景目标提取的吻合度.如果能够利用监控视频的低秩特征建立目标提取优化模型或者采用深度卷积神经网络提取高层特征的方法,进一步提高前景目标提取效果,则文章就更完善了.最后,经典的光流场计算方法虽然算法简单,能够较好地检测动态背景,但计算量较大,可考虑采用特征点匹配的光流法进一步降低计算量.

陈代强　魏调霞

4

基于优化模型的多无人机对组网雷达的协同干扰研究◎

竞赛原题再现　2018 年 E 题：多无人机对组网雷达的协同干扰

　　组网雷达系统是应用两部或两部以上空间位置互相分离且覆盖范围互相重叠的雷达的观测或判断来实施搜索、跟踪和识别目标的系统，综合应用了多种抗干扰措施，具有较强的抗干扰能力，因而在军事中得到广泛应用. 如何对组网雷达实施行之有效的干扰，是当今电子对抗界面临的一个重大问题.

　　诸多干扰方式中较为有效的是欺骗干扰，包括距离欺骗、角度欺骗、速度欺骗以及多参数欺骗等. 本赛题只考虑距离假目标欺骗，其基本原理如图 4.1 所示，干扰机基于侦察到的敌方雷达发射电磁波的信号特征，对其进行相应处理后，延迟（或导前）一定时间后再发射出去，使雷达接收到一个或多个比该目标真实距离靠后（或靠前）的回波信号.

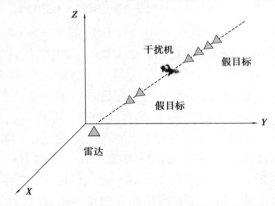

图 4.1　对雷达实施距离多假目标欺骗干扰示意图

　　在组网雷达探测跟踪下，真目标和有源假目标在空间状态（如位置、速度等）上表现出显著的差异：对于真目标，其空间状态与雷达部署位置无关，在统一坐标系中，各雷达探测出的真目标空间状态是基本一致的，可以认为它们是源自同一个目标（同源）；对有源假目标，它们存在于雷达与干扰机连线以及延长线上，其空间状态由干扰机和雷达部署位置共同决定，不同雷达量测到的有源假目标的空间状态一般是不一致的，有理由认为其来自不同目标（非同源），利用这种不一致性就可以在组网雷达信息融合中心将假目标有效剔除. 这种利用真假目标在组网雷达观测下的空间状态差异来进行假目标鉴别的思想简称为"同源检验"，它是组网雷达对真假目标甄别的理论依据.

　　为了能对组网雷达实施有效干扰，现在可利用多架无人机对组网雷达协同干扰. 如图 4.2 所示，无人机搭载的干扰设备对接收到的雷达信号进行相应处理后转发回对应的雷达,雷达接收到转发回的干扰信号形成目标航迹点信息,传输至组网雷达信息融合中心.由于多无人机的协同飞行,因此在融合中心就会出现多部雷达在同一坐标系的同一空间位置上检测到目标信号,基于一定的融合规则就会判断为一个合理的目标航迹点,多个连续的合理目标航迹点就形成了目标航迹,即实现了一条虚假航迹.通过协同控制无人机的飞行航迹,可在敌方的组网雷达系统中形成一条或多条欺骗干扰航迹,迫使敌方加强空情处置,达到欺骗目的.

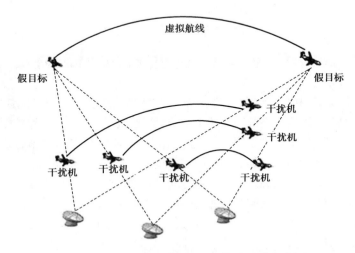

图 4.2 多无人机协同干扰组网雷达系统示意图

某组网雷达系统由 5 部雷达组成,雷达最大作用距离均为 150 km,也就是只能对距雷达 150 km 范围内的目标进行有效检测.5 部雷达的地理位置坐标分别为雷达 1(80,0,0),雷达 2(30,60,0),雷达 3(55,110,0),雷达 4(105,110,0),雷达 5(130,60,0)(单位统一为 km).雷达将检测到的回波信号经过处理后形成航迹点状态信息(本赛题主要关心目标的空间位置信息)传输到融合中心,融合中心对 5 部雷达获取的目标状态信息进行"同源检验",只要有 3 部以上雷达的航迹点状态信息通过了同源检验,即至少有 3 部雷达同一时刻解算出的目标空间位置是相同的,融合中心就将其确定为一个合理的航迹点,20 个连续的经融合中心确认的航迹点形成的合理航迹,将被组网雷达系统视为一条真实的目标航迹.所谓合理的航迹是要满足相应的目标运动规律,无论是运动速度还是转弯半径等均应在合理的范围内.

现考虑多架无人机对组网雷达系统的协同干扰问题.无人机的飞行速度控制在 120 ~ 180 km/h,飞行高度控制在 2 000 ~ 2 500 m,最大加速度不超过 10 m/s^2.考虑安全等因素,无人机间距需控制在 100 m 以上.鉴于无人机的 RCS 较小,且采用了若干隐身技术,在距雷达一定距离飞行时,真实目标产生的回波不能被雷达有效检测(本赛题可不考虑无人机产生的真实目标回波);干扰设备产生的欺骗干扰信号经过了放大增强环节,能保证被雷达有效检测到.每架无人机均搭载有干扰设备,可独立工作.同一时刻一架无人机只能干扰一部雷达,但可在该部雷达接收机终端(雷达屏幕上)产生多个目标点,这些目标点均位于雷达与无人机连线以及延长线上,距雷达距离超过 150 km 的假目标信息直接被雷达系统删除,同一时刻多架无人机可以干扰同一部雷达.雷达同一时刻接收的多个目标点的状态信息均同时传送到信息融合中心.每架无人机不同时刻可干扰不同雷达.同一条航迹不同时刻的航迹点,可以由组网雷达系统中不同的 3 部雷达检测确定.

请建立相应的数学模型,研究下列问题:

问题一:附件 1 给出了一条拟产生的虚假目标航迹数据,该虚假航迹数据包含 20 个时刻的虚假目标位置坐标信息,时间间隔为 10 s.为实现较好的干扰效果,现限定每架无人机在该空域均做匀速直线运动,航向、航速和飞行高度可在允许范围内根据需要确定.请讨论如何以最少数量的无人机实现附件 1 要求的虚假目标航迹,具体分析每一架无人机的运动规律和相应的协同策略.

问题一的解算结果,需按附件 4 中规定格式具体给出每一架无人机对应时刻的空间位置坐标,存入文件"E 队号_1.xls"中,作为竞赛附件单独上传竞赛平台,是竞赛论文评审的重要依据.

问题二:对雷达实施有源假目标欺骗干扰时,干扰设备可同时转发多个假目标信息(本赛题限定每一架无人机同一时刻最多产生 7 个假目标信息),但它们均存在于雷达与无人机连线以及延长线上,延迟(或导前)的时间可根据实际需要确定.该组网雷达系统的每一部雷达的数据更新率为 10 s(可直观理解为每间隔 10 s 获得一批目标的空间状态数据,无人机转发回对应雷达的假目标信息能及时获取).协同无人机编队可产生出多条虚假航迹,以实现更好的干扰效果.实际中无人机可机动飞行,但为控制方便,无人机尽可能少做转弯、爬升、俯冲等机动动作,转弯半径不小于 250 m.请讨论由 9 架无人机组成的编队在 5 min 内,完成附件 1 要求的虚假航迹的同时,最多还可产生出多少条虚假的航迹.给出每一架无人机的运动规律,并分析每一条虚假航迹的运动规律和合理性.

问题二的解算结果,需按附件 4 中规定的格式具体给出每一架无人机对应时刻的空间位置坐标和每一条虚假航迹的相关数据,存入文件"E 队号_2.xls"中,作为竞赛附件单独上传竞赛平台.

问题三:当组网雷达系统中的某部雷达受到压制干扰或其他因素的干扰时,可能在某些时刻无法正常获取回波信号,此时组网雷达系统信息融合中心可以采用以下航迹维持策略:若之前与受干扰的雷达联合检测到目标的另两部雷达没有受到干扰,正常检测到回波信号,那么在融合中心就对这两部雷达检测的目标航迹点信息进行同源检验,若通过视为合理的目标航迹点;若一条航迹中这类航迹点的个数不超过 3 个时(该航迹的其余航迹点仍需通过前面规定的"同源检验"),该航迹就被继续保留.针对上述航迹维持策略,协同无人机编队的飞行,有可能产生更多的虚假航迹.该组网雷达系统的每一部雷达的数据更新率仍为 10 s.重新讨论由 9 架无人机组成的编队在 5 min 内,完成附件 1 要求的虚假航迹的同时,最多还可产生出多少条虚假的航迹.给出每一架无人机的运动规律和协同策略,分析每一条虚假航迹的运动规律和合理性.

竞赛原题中的
附件 1—4

获奖论文精选 基于优化模型的多无人机对组网雷达的协同干扰研究

参赛队员:邵辉 刘馨竹 冉旗

指导老师:罗万春 周彦

摘要:本文研究的多无人机对组网雷达进行协同干扰,通过产生最多的虚假航迹,来实现对组网雷达最大程度的干扰.

问题一中,在完成已知虚假航迹的 200 s 时间内,无人机无法跨雷达空域飞行.在各雷达空域的 2 000～2 500 m 无人机飞行范围内的 20 个时刻,不存在 3 点或 3 点以上,使无人机满足匀速直线运动.一架无人机在一个雷达空域内最多通过两个实际目标点.可以由一架无人机飞过两点进行两两配对,以成功配对数最多为目标,建立了 0-1 规划模型,在满足同源检验等题目所给要求的前提下,求得最多有 26 对成功配对,其他目标只能由 1 架无人机经过.最终,最少要有 34 架无人机实现附件 1 要求的虚假目标航迹,并给出每一架无人机所在的雷达空域、需要经过的实际目标点、飞行速度以及飞行高度.

问题二中,在无人机可机动飞行的前提下,首先,通过数据分析和初等几何模型,根据无人机转弯的最小半径,得到无人机可以依次经过的两点间最小距离为 148.18 m;而若使一架无人机通过 3 个或 3 个以上实际目标点,则需满足相邻 3 点所构成的两条直线,以中间点为交点,两直线夹角的最大值为 16.8°.其次,在此基础上,建立以一架无人机经过实际目标点数量最多为目标的非线性规划模型,采用遍历搜索的方法,求解得到最少可以用 7 架无人机完成已知虚假航迹,其中,在雷达 1 的空域内,可由 1 架无人机依次经过前 19 个目标点;在雷达 2 的空域内,可由 1 架无人机依次经过所有目标点;在雷达 3 的空域内,可由 1 架无人机依次经过前 16 个目标点.

产生最多的虚假航迹步骤如下:第一步,在 300 s 所对应的 30 个时刻,从第 11 个时刻开始实现已知虚拟航迹;第一个 100 s,与第二个 100 s 一起,生成尽可能多的虚假航迹;第二步,对第二个 100 s 进行求解,由 9 架无人机与雷达确定空间内 9 条直线的位置关系,在已知虚假目标点位置的前提下,每一时刻最多可以产生 4 个虚假目标,利用已知虚假目标点和已知的 5 个雷达位置,可以得到每一时刻 4 个虚假目标的空间坐标范围;第三步,将其投影于 2 000～2 500 m 内,根据上述非线性规划模型,得到每个时刻的 6 个无人机位置;第四步,根据求得的无人机位置,反过来确定各虚拟目标空间坐标,将虚拟目标依次相连,发现其轨迹近似于 1 条直线;第五步,对得到的 4 条拟形成的虚假航迹上的 10 个虚假目标进行拟合,得到 4 个直线方程,以此来得到第一个 100 s 内各时刻虚拟目标点及实际目标点,验证第 1 至第 11 时刻目标点满足距离要求和角度要求;第六步,以距离和角度为评价目标,分析出 4 条虚假航迹均合理.综上,9 架无人机在 5 min 内,完成附件 1 要求的虚假航迹的同时,最多还可产生出 4 条虚假航迹.

问题三中,只有在第 11 到第 20 个时刻内雷达被干扰,才可能会生成新的虚假航迹.分别按照被干扰雷达空域内存在 1 架、2 架、3 架、4 架无人机进行讨论,均无法生成 10 个虚假目标点.即使雷达被干扰,也无法在第二问的基础上多形成一条新的虚假航迹.与问题二结果相同,9 架无人机在 5 min 内,完成附件 1 要求的虚假航迹的同时,最多还可产生出 4 条虚假航迹.

本文建立的优化模型合理,通用性和推广性强.模型的求解采用遍历搜索的方法,得到了全局最优解.

关键词:非线性 0-1 规划 组网雷达 虚假

4.1 问题重述

4.1.1 问题背景

组网雷达系统是应用两部或两部以上空间位置互相分离且覆盖范围互相重叠的雷达的观测或判断来实施搜索、跟踪和识别目标的系统,综合应用了多种抗干扰措施,具有较强的抗干扰能力,在军事中得到广泛应用. 如何对组网雷达实施行之有效的干扰,是当今电子对抗界面临的一个重大问题.

诸多干扰方式中较为有效的是欺骗干扰,包括距离欺骗、角度欺骗、速度欺骗以及多参数欺骗等. 本赛题只考虑距离假目标欺骗,即干扰机基于侦察到的敌方雷达发射电磁波的信号特征,对其进行相应处理后,延迟(或导前)一定时间后再发射出去,使雷达接收到一个或多个比该目标真实距离靠后(或靠前)的回波信号.

在组网雷达探测跟踪下,真目标和有源假目标在空间状态(如位置、速度等)上表现出显著的差异:对真目标,其空间状态与雷达部署位置无关,在统一坐标系中,各雷达探测出的真目标空间状态是基本一致的,可以认为它们是源自同一个目标(同源);对有源假目标,它们存在于雷达与干扰机连线以及延长线上,其空间状态由干扰机和雷达部署位置共同决定,不同雷达量测到的有源假目标的空间状态一般是不一致的,有理由认为其来自不同目标(非同源),利用这种不一致性就可以在组网雷达信息融合中心将假目标有效剔除. 这种利用真假目标在组网雷达观测下的空间状态差异来进行假目标鉴别的思想简称为"同源检验",它是组网雷达对真假目标甄别的理论依据.

为了能对组网雷达实施有效干扰,现在可利用多架无人机对组网雷达协同干扰. 无人机搭载的干扰设备对接收到的雷达信号进行相应处理后转发回对应的雷达,雷达接收到转发回的干扰信号形成目标航迹点信息,传输至组网雷达信息融合中心. 由于多无人机的协同飞行,因此在融合中心就会出现多部雷达在同一坐标系的同一空间位置上检测到目标信号,基于一定的融合规则就会判断为一个合理的目标航迹点,多个连续的合理目标航迹点就形成了目标航迹,即实现了一条虚假航迹. 通过协同控制无人机的飞行航迹,可在敌方的组网雷达系统中形成一条或多条欺骗干扰航迹,迫使敌方加强空情处置,达到欺骗目的.

现考虑多架无人机对组网雷达系统的协同干扰问题. 每架无人机均搭载有干扰设备,可独立工作. 同一时刻一架无人机只能干扰一部雷达,但可在该部雷达接收机终端产生多个目标点,这些目标点均位于雷达与无人机连线以及延长线上,距雷达距离超过 150 km 的假目标信息直接被雷达系统删除,同一时刻多架无人机可以干扰同一部雷达. 雷达同一时刻接收的多个目标点的状态信息均同时传送到信息融合中心. 每架无人机不同时刻可干扰不同雷达. 同一条航迹不同时刻的航迹点,可以由组网雷达系统中不同的 3 部雷达检测确定.

4.1.2 数据集

题目中所给的雷达位置信息,以及附件中所给的虚假目标航迹数据.

4.1.3 提出问题

问题一:匀速直线运动条件下,完成虚拟目标航迹的无人机优化模型

附件 1 给出了一条拟产生的虚假目标航迹数据,该虚假航迹数据包含 20 个时刻的虚假目标位置坐标信息,时间间隔为 10 s.为实现较好的干扰效果,现限定每架无人机在该空域均做匀速直线运动,航向、航速和飞行高度可在允许范围内根据需要确定.请讨论如何以最少数量的无人机实现附件 1 要求的虚假目标航迹,具体分析每一架无人机的运动规律和相应的协同策略.

问题二:机动飞行条件下,无人机产生虚假目标航迹的优化模型

对雷达实施有源假目标欺骗干扰时,干扰设备可同时转发多个假目标信息,但它们均存在于雷达与无人机连线以及延长线上,延迟(或导前)的时间可根据实际需要确定.该组网雷达系统的每一部雷达的数据更新率为 10 s.协同无人机编队可产生出多条虚假航迹,以实现更好的干扰效果.实际中无人机可机动飞行,但为控制方便,无人机尽可能少做转弯、爬升、俯冲等机动动作,转弯半径不小于 250 m.讨论由 9 架无人机组成的编队在 5 min 内,完成附件 1 要求的虚假航迹的同时,最多还可产生出多少条虚假的航迹.给出每一架无人机的运动规律,并分析每一条虚假航迹的运动规律和合理性.

问题三:雷达受干扰条件下,无人机产生虚假目标航迹的优化模型

当组网雷达系统中的某部雷达受到压制干扰或其他因素的干扰时,可能在某些时刻无法正常获取回波信号,此时组网雷达系统信息融合中心可以采用以下航迹维持策略:若之前与受干扰的雷达联合检测到目标的另两部雷达没有受到干扰,正常检测到回波信号,那么在融合中心就对这两部雷达检测的目标航迹点信息进行同源检验,若通过视为合理的目标航迹点;若一条航迹中这类航迹点的个数不超过 3 个时,该航迹就被继续保留.针对上述航迹维持策略,协同无人机编队的飞行,有可能产生更多的虚假航迹.该组网雷达系统的每一部雷达的数据更新率仍为 10 s.重新讨论由 9 架无人机组成的编队在 5 min 内,完成附件 1 要求的虚假航迹的同时,最多还可产生出多少条虚假的航迹.给出每一架无人机的运动规律和协同策略,分析每一条虚假航迹的运动规律和合理性.

4.2 模型假设

①电磁波传播速率为光速,忽略电磁波往返雷达与无人机所需时间.
②问题一中匀速直线运动为水平方向上的匀速直线运动,不考虑爬坡、俯冲情况.
③忽略无人机将雷达发射的电磁波处理成干扰信号所需的时间.
④忽略天气、障碍山体、电量、风力等对无人机飞行状态的影响.

4.3 符号说明

①v:无人机飞行速度.
②H:无人机飞行高度.
③D:两架无人机间距离.
④A_j:1—5 号雷达点.

⑤B_i:1—20 号虚假目标点.

⑥P_{ji}:第 j 个空域内第 i 个实际目标点.

4.4 问题分析

4.4.1 问题一:匀速直线运动条件下,完成虚拟目标航迹的无人机优化模型

首先,根据题目中所给组网雷达"同源检验"原理,为使组网雷达得到虚假目标位置坐标信息,在题中所给的 20 个时刻的每一时刻,至少需要 3 架无人机对 3 个不同雷达实施干扰,且无人机应位于雷达与虚假目标连线上.其次,设雷达 1—5 与 20 个虚假目标的连线所形成的空域为空域 1—空域 5,并判断一架无人机是否可以跨空域对不同雷达进行干扰.最后,考虑以最少数量无人机实现虚假目标航迹.根据假设②,无人机为水平方向上的匀速直线运动,那么,将 20 个虚假目标投影于同一水平面,若有越多的点在同一条直线上且距离符合匀速运动要求,那么所需无人机数量则越少;若不存在任意 3 点在同一条直线上,则需要对 20 个点进行两两匹配,匹配成功数越多,则所需无人机数量越少.

4.4.2 问题二:机动飞行条件下,无人机产生虚假目标航迹的优化模型

题目要求以 9 架无人机机动飞行,在完成附件 1 要求的虚假航迹的同时,产生更多的虚假航迹.首先,拟订完成已知虚假航迹所需最少的无人机的策略,以保证有最多闲置无人机去完成更多的虚假航迹.在机动飞行的条件下,无人机可以通过转弯延长飞行路程,来到达问题一中因匀速直线飞行而无法到达的实际目标点,即缩短了两实际目标点间的最小距离;转弯的同时会涉及飞行角度,在限定出两直线间最大角度后,即可得到以最少无人机完成已知虚假航迹的飞行策略.

为了产生更多的虚假航迹,对应的每一时刻就应该有最多的虚假目标点.在题目要求的 5 min,也就是 300 s 内,需要利用已知虚拟目标点中的 10 个,来配合其他 6 架无人机,形成最多的虚假目标点,同一时刻除已知目标点外,还可以最多形成 4 个虚假目标,具体分析过程见模型的建立与求解.同样,将各虚假目标点投影于无人机飞行平面后,由上述限定条件来完成无人机飞行策略的制订.

4.4.3 问题三:雷达受干扰条件下,无人机产生虚假目标航迹的优化模型

根据题中所给条件,在满足虚假目标点合理的前提下,雷达受到干扰也就意味着该时刻位于该空域的无人机处于机动状态,可以通过对其他雷达发射回波信号,来形成新的虚假目标点.讨论是否可以通过这种方式形成新的合理的虚拟航迹,来明确在雷达受到干扰时,与第二问相比,能否再多产生一条虚拟航迹.分别讨论被干扰雷达空域存在 1 架、2 架、3 架、4 架无人机的情况,去生成最多的虚假目标.

4.5 模型的建立与求解

4.5.1 问题一:匀速直线运动条件下,完成虚拟目标航迹的无人机优化模型

4.5.1.1 各雷达与虚拟目标点所形成的空域相互独立

根据题目所给雷达工作原理[1-3],在无人机对雷达进行干扰时,无人机位置应位于雷达与虚假目标连线上,如图4.3所示,称无人机应飞过的点 P 为实际目标点.而雷达1—雷达5与虚拟目标的连线所形成的空域设为空域1—空域5.

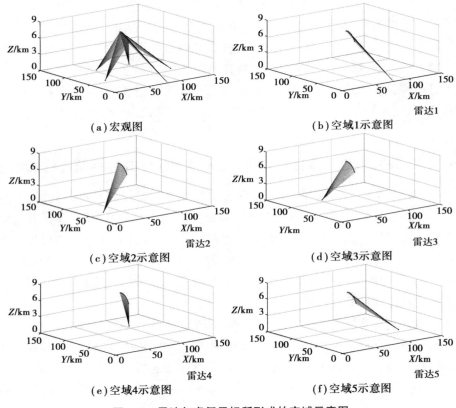

图4.3　雷达与虚假目标所形成的空域示意图

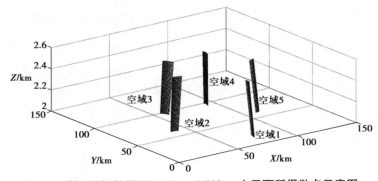

图4.4　虚拟目标投影于 2 000 ~ 2 500 m 水平面所得散点示意图

将20个虚拟目标投影于各空域2 000～2 500 m水平面,以0.01 m为间隔,得到所有点,如图4.4所示,根据假设②,无人机为水平方向上的匀速直线运动,分别计算每一水平面不同空域任意两点间距离 d,得到不同空域间最短距离,结果见表4.1.

表4.1　各空域间最短距离　　单位:km

空域编号	空域1	空域2	空域3	空域4	空域5
空域1	—	49.46	71.44	71.44	49.46
空域2	49.46	—	35.4	57.09	63.33
空域3	71.44	35.4	—	31.67	57.09
空域4	71.44	57.09	31.67	—	35.4
空域5	35.4	57.09	63.33	49.46	—

无人机以最快速度飞行200 s所走路程为10 km,由表4.1可知

$$d_{\min}=31.64>10$$

一架无人机以最大速率匀速直线飞行时,无法跨空域对不同雷达进行干扰.

模型点评:无人机可能的飞行空域分析正确,借助图和表阐明了一架无人机自始至终只负责干扰一台雷达.

4.5.1.2　完成虚拟目标航迹的无人机优化模型

（1）一架无人机能够经过的最多实际目标点

为实现以最少数量无人机来完成虚拟航迹,则在每个空域内,需要每架无人机尽可能多地飞过实际目标点.在无人机水平匀速直线飞行的条件下,首先判断在各空域内,是否存在3个以上(包含3个)实际目标点在同一条直线上.

以2 500 m水平面为例,将20个虚拟目标在各空域2 500 m水平面进行投影,如图4.5所示.

计算任意两点所在直线斜率 k_i,并计算任意两条以实际目标点为交点的两直线斜率差值 Δk_i,如图4.6所示,即求 k_m 与 k_{m+n} 之差.取每一时刻 Δk_i 的最小值,结果见表4.2.

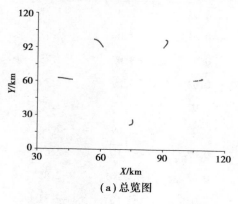

（a）总览图

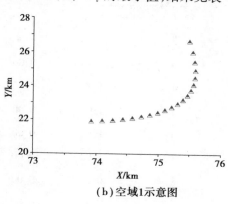

（b）空域1示意图

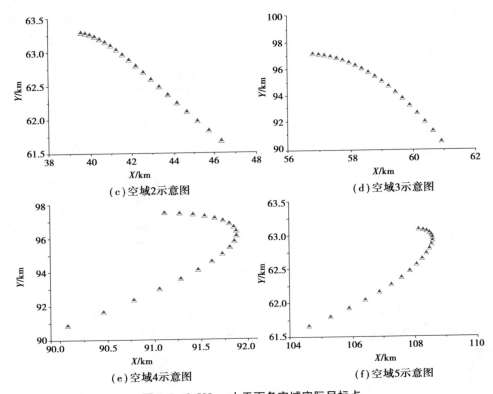

（c）空域2示意图　　　　　　　（d）空域3示意图

（e）空域4示意图　　　　　　　（f）空域5示意图

图4.5　2 500 m 水平面各空域实际目标点

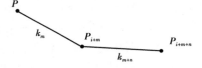

图4.6　两直线斜率差示意图

表4.2　各空域2 500 m 水平面上任意两点所在直线斜率差的最小值

实际目标点	空域1	空域2	空域3	空域4	空域5
1	−1.12	0.00	0.03	−3.09	−2.77
2	−1.15	0.00	0.03	−3.09	−2.78
3	−1.13	0.00	0.02	−3.09	−2.78
4	−1.11	0.00	0.02	−3.09	−2.79
5	−1.08	0.00	0.02	−3.09	−2.83
6	−1.05	0.00	0.02	−3.09	−2.84
7	−1.02	0.00	0.02	−3.10	−2.61
8	−0.98	0.00	0.02	−3.10	−2.85
9	−0.95	0.00	0.02	−3.10	−2.81
10	−0.90	−0.01	0.02	−3.06	−2.82
11	−0.86	−0.01	0.01	−3.10	−2.82

续表

实际目标点	空域1	空域2	空域3	空域4	空域5
12	−0.81	−0.01	0.01	−3.10	0.02
13	−0.77	−0.01	0.01	−3.10	0.01
14	−0.69	−0.01	0.01	−3.10	0.01
15	−0.62	−0.01	0.01	−3.10	0.01
16	−0.55	−0.02	0.01	−3.10	0.01
17	−0.48	−0.02	0.01	0.01	0.01
18	−0.42	−0.02	0.01	0.01	0.01
19	−0.36	−0.02	0.01	0.01	0.01
20	−0.31	−0.02	0.01	0.01	0.01

在保留小数点后两位数字时,空域2中部分差值为0,认为存在3个以上(包含3个)实际目标点在同一条直线上.

以空域2为例,计算2 500 m平面上,任意两实际目标点间的距离.根据无人机速度限制,两点间距离取满足以下要求:

$$33.3 \times 10q \leqslant d_{i+q} \leqslant 50 \times 10q \ (q=1,2,\cdots,19) \tag{4.1}$$

q代表任意两点所在时刻的差值.求解得到任意两点间距离,见表4.3,"−1"代表不满足以上距离要求,灰色填充部分为满足要求的实际目标点.

表4.3 空域2中2 500 m平面任意两实际目标点间距离

实际目标点	1	2	3	4	5	6	7	8	9	10	11	12	13	14	15	16	17	18	19	20
1	−1	−1	−1	−1	−1	−1	−1	−1	−1	−1	−1	−1	−1	−1	−1	−1	−1	5.73	6.3	6.92
2	−1	−1	−1	−1	−1	−1	−1	−1	−1	−1	−1	−1	−1	−1	−1	5	5.53	6.1	6.71	
3	−1	−1	−1	−1	−1	−1	−1	−1	−1	−1	−1	−1	−1	−1	4.3	4.79	5.31	5.88	6.5	
4	−1	−1	−1	−1	−1	−1	−1	−1	−1	−1	−1	−1	−1	4.07	4.56	5.08	5.65	6.27		
5	−1	−1	−1	−1	−1	−1	−1	−1	−1	−1	−1	−1	3.37	3.82	4.31	4.84	5.41	6.03		
6	−1	−1	−1	−1	−1	−1	−1	−1	−1	−1	−1	2.68	3.11	3.57	4.06	4.58	5.15	5.77		
7	−1	−1	−1	−1	−1	−1	−1	−1	−1	−1	2	2.41	2.84	3.29	3.78	4.31	4.88	5.5		
8	−1	−1	−1	−1	−1	−1	−1	−1	−1	1.33	1.72	2.12	2.55	3.01	3.5	4.02	4.59	5.21		
9	−1	−1	−1	−1	−1	−1	−1	−1	0.67	1.03	1.41	1.81	2.24	2.7	3.19	3.72	4.28	4.9		
10	−1	−1	−1	−1	−1	−1	−1	−1	0.34	0.71	1.09	1.49	1.92	2.38	2.87	3.39	3.96	4.58		
11	−1	−1	−1	−1	−1	−1	−1	0.36	0.75	1.15	1.58	2.04	2.53	3.05	3.62	4.24				
12	−1	−1	−1	−1	−1	−1	−1	0.38	0.79	1.22	1.67	2.16	2.69	3.26	3.87					
13	−1	−1	−1	−1	−1	−1	−1	0.4	0.83	1.29	1.78	2.31	2.87	3.49						
14	−1	−1	−1	−1	−1	−1	−1	−1	0.43	0.89	1.38	1.9	2.47	−1						

续表

实际目标点	1	2	3	4	5	6	7	8	9	10	11	12	13	14	15	16	17	18	19	20
15	-1	-1	-1	-1	-1	-1	-1	-1	-1	-1	-1	-1	-1	-1	-1	0.46	0.95	1.47	-1	-1
16	-1	-1	-1	-1	-1	-1	-1	-1	-1	-1	-1	-1	-1	-1	-1	-1	0.49	-1	-1	-1
17	-1	-1	-1	-1	-1	-1	-1	-1	-1	-1	-1	-1	-1	-1	-1	-1	-1	-1	-1	-1
18	-1	-1	-1	-1	-1	-1	-1	-1	-1	-1	-1	-1	-1	-1	-1	-1	-1	-1	-1	-1
19	-1	-1	-1	-1	-1	-1	-1	-1	-1	-1	-1	-1	-1	-1	-1	-1	-1	-1	-1	-1
20	-1	-1	-1	-1	-1	-1	-1	-1	-1	-1	-1	-1	-1	-1	-1	-1	-1	-1	-1	-1

根据无人机匀速直线运动规律,所得数据中不存在 $d_{i+q}/d_i = q(q \in E)$. 在该空域 2 500 m 水平面,一架无人机最多可以经过两个实际目标点,对雷达进行两次干扰.

同理,各空域不同平面计算发现,在各空域中,一架无人机最多只能经过两个实际目标点.

模型点评:通过上面的点位路径可以很明显地看出,不存在 3 点或 3 点以上,使无人机满足匀速直线运动,若无人机仅作直线飞行的话,最多覆盖两个点,绝对不可能覆盖到第三个点,这个结论十分重要,问题得到了进一步简化.

(2)基于 0-1 规划模型的无人机飞行策略

由以上结果可知,空域内,一架无人机最多经过两个实际目标点,对可以由一架无人机飞过两点进行两两配对,成功配对数目最多时,所需无人机数量最少.

以所有空域成功配对数 M_j 最多为目标,根据距离限制条件式(4.1)及题目中所给限制条件,建立 0-1 规划模型如下:

$$\text{Max } M = \sum_{c=1}^{n} m_c$$

$$\text{s.t.} \begin{cases} 33.3 \leqslant v \leqslant 50 \\ 2\,000 \leqslant H \leqslant 2\,500 \\ D \geqslant 100 \\ 33.3 \times 10q \leqslant d_{i+q} \leqslant 50 \times 10q \, (q = 1, 2, \cdots, 19) \\ P(x, y, z) \in l_{A_jB_i} \\ N_c = \sum_{j=1}^{5} a_{cj} \\ a_j \in \{0, 1\} \\ N = 3 \\ m_c = \begin{cases} 1, d_{i+q} \in [33.3 \times 10q, 50 \times 10q] \,\&\, N_c < 3 \\ 0, \text{others} \end{cases} \end{cases} \quad (4.2)$$

其中,d_{i+q} 为某一空域任意两实际目标点 P_i、P_{i+q} 间的距离;$l_{A_jB_i}$ 为已知虚假目标与雷达 i 确定的直线.

模型求解流程图如图 4.7 所示.

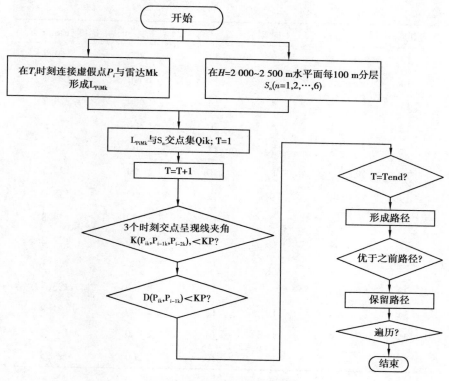

图 4.7　模型求解流程图

　　为减少两无人机间距离对无人机调度策略的影响,在竖直方向上以 100 m 为间隔,将 2 000~2 500 m 的飞行区间划分为 6 个水平面,在 6 个水平面对所有空域进行随机匹配搜索,得到无人机的飞行规律和协同策略见表 4.4、表 4.5 及图 4.8.

表 4.4　一架无人机通过两个目标点的飞行规律和协同策略

飞机编号	雷达	1 时刻	2 时刻	高度/m	速度/(km·h⁻¹)
1	1	8	20	2 500	127.8
2	1	9	19	2 400	124.4
3	1	10	18	2 300	121.7
4	1	12	17	2 200	126.2
5	1	14	15	2 100	124.4
6	2	1	18	2 500	121.4
7	2	2	17	2 400	120.1
8	2	4	16	2 300	122.0
9	2	5	19	2 200	139.1
10	2	6	14	2 100	120.6
11	2	7	13	2 000	120.2
12	2	8	20	2 500	156.2

续表

飞机编号	雷达	1时刻	2时刻	高度/m	速度/(km·h⁻¹)
13	2	9	11	2 400	119.7
14	3	3	15	2 500	124.1
15	3	4	14	2 400	123.2
16	3	5	20	2 300	172.6
17	3	7	11	2 200	121.4
18	3	8	10	2 100	121.1
19	3	9	12	2 000	138.0
20	4	2	19	2 500	124.8
21	4	3	18	2 400	122.2
22	4	4	17	2 300	120.1
23	4	7	15	2 200	123.7
24	4	10	12	2 100	121.8
25	4	11	13	2 000	137.2
26	5	13	16	2 500	127.5

表4.5 无人机通过一个目标点的飞行规律和协同策略

飞机编号	雷达	经过时刻	高度/m	速度/(km·h⁻¹)
27	1	1	2 500	130
28	1	2	2 400	130
29	1	3	2 300	130
30	1	5	2 200	130
31	1	16	2 100	130
32	4	6	2 500	130
33	5	1	2 500	130
34	5	6	2 400	130

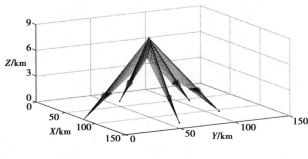

（a）总览图

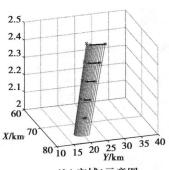

（b）空域1示意图

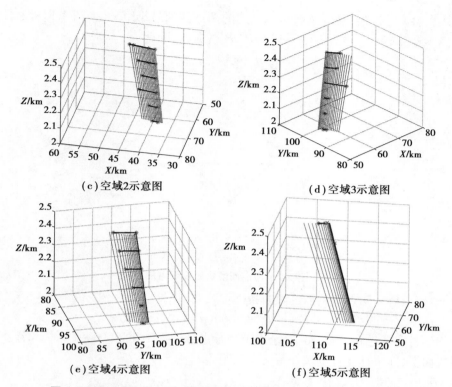

（c）空域2示意图　　　　　　　　　　（d）空域3示意图

（e）空域4示意图　　　　　　　　　　（f）空域5示意图

图4.8　实现虚假目标航迹的无人机所经空域1—空域5实际示意图

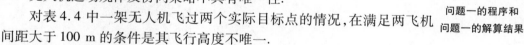

结论：最少可以用34架无人机实现附件1要求的虚假目标航迹.每一时刻坐标见二维码.

问题一的程序和
问题一的解算结果

4.5.1.3　结果分析

无人机运动规律及协同策略不具有唯一性.

对表4.4中一架无人机飞过两个实际目标点的情况,在满足两飞机间距大于100 m的条件是其飞行高度不唯一.

对表4.5中一架无人机飞过一个实际目标点的情况,飞行速度、飞行高度不唯一,在第j个空域过第i个实际目标点的分配不唯一.

模型评价：在一架无人机就只负责干扰一台雷达和无人机仅作直线飞行的话,最多覆盖两个点等结论的基础上,以成功配对数最多为目标,建立了0-1规划模型,采用遍历搜索算法对模型进行求解.最后,阐述了无人机运动规律及协同策略不唯一性.该模型思路清晰,但模型合理性需要验证,模型的约束条件以及目标函数应该详细叙述,而不是简单的公式罗列.

4.5.2　问题二：机动飞行条件下,无人机产生虚假目标航迹的优化模型

4.5.2.1　以最少数量无人机完成已知虚假航迹

（1）转弯对无人机的影响

根据4.2节问题分析,在机动飞行的条件下,无人机可以通过转弯延长飞行路程,来到达问题一中因匀速直线飞行而无法到达的实际目标点.距离限制条件式(4.1)中,两点

间最小距离会减小. 先计算无人机可以到达的两点间的最小距离. 如图 4.9 所示,以最小速度 v_{min}、最小半径 r_{min} 通过实际目标点 P_i、P_{i+q},那么,则有

$$\beta = \frac{v_{min} \times 10}{\pi r_{min}} \times 180° \tag{4.3}$$

$$d_{i+q} = 2r_{min} \times \sin\frac{\beta}{2} \tag{4.4}$$

计算得,$d_{min} = 148.18$ m.

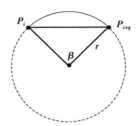

图 4.9　两点间最短距离示意图

由此,可以得到两点间距离的限制条件:

$$148.18q \leq d_{i+q} \leq 500q(q=1,2,\cdots,19) \tag{4.5}$$

与问题一求解思路一致,将 20 个虚拟目标点分别投影在 2 000 ~ 2 500 m 各空间的 6 个水平层面上,即可计算各空域任意两点间距离.

(2)速度方向对无人机的影响

若无人机以弧线飞行,那么无人机飞过某一实际目标点时的速度及方向会对其是否能到达下一个目标点产生影响,需要对以某一实际目标点为交点的两条直线所形成的角度进行限定. 如图 4.10 所示,求解两直线所形成的角 θ 的最大值.

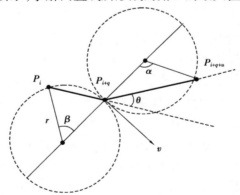

图 4.10　求解两直线最大夹角示意图

由图 4.10 所示各角度间关系可知:

$$\theta = \frac{180-\beta}{2} - \frac{180-\alpha}{2} \tag{4.6}$$

为满足 θ 最大,则需使 $\frac{180-\beta}{2}$ 最大以及 $\frac{180-\alpha}{2}$ 最小,也就是 β 角最小,且 α 角最大. β 角最小的情况为:无人机飞过的最短路程所对应的 β 角,即为 β 角的最小值;而 α 角最大的情况为:无人机飞过的最长路程所对应的 α 角,即为 α 角的最大值.

由式(4.3)可知,$\beta_{min} = 76°$,同理,可得,$\alpha_{max} = 114°$.

但是,在无人机最大加速度 $a_{max} = 10 \ \mathrm{m/s^2}$ 的条件下,无法同时满足 $\beta_{min} = 76°$ 和 $\alpha_{max} = 114°$. 分两种情况进行讨论:

情况一:满足 $\beta_{min} = 76°$,无人机在第二段路程起点开始以最大加速度加速到最大速度,α 求解公式如下:

$$\begin{cases} t_a = \dfrac{v_{max} - v_{min}}{a_{max}} \\[2mm] s_{q+u} = v_{min} t_a + \dfrac{1}{2} a t_a^2 + v_{max}(10 - t_a) \\[2mm] \alpha = \dfrac{s_{q+u}}{\pi r_{min}} \times 180° \end{cases} \tag{4.7}$$

情况二:满足 $\alpha_{max} = 114°$,无人机在第一段路程末后期开始以最大加速度加速,使其到达第一段路程终点时速率最大,β 求解公式如下:

$$\begin{cases} t_a = \dfrac{v_{max} - v_{min}}{a_{max}} \\[2mm] s_q = v_{min}(10 - t_a) + v_{min} t_a + \dfrac{1}{2} a t_a^2 \\[2mm] \beta = \dfrac{s_q}{\pi r_{min}} \times 180° \end{cases} \tag{4.8}$$

根据式(4.6)—式(4.8),可得,情况一:$\theta_1 = 17.6°$,情况二:$\theta_2 = 16.8°$.

以较小的 $16.8°$ 为其角度的限定条件,则可以得到相邻 3 点所在直线形成的角度范围:

$$\theta \in [0°, 16.8°] \tag{4.9}$$

根据余弦定理,对 θ 进行求解:

$$\begin{aligned} d_{P_i P_{i+q}} &= \sqrt{(x_{i+q} - x_i)^2 + (y_{i+q} - y_i)^2 + (z_{i+q} - z_i)^2} \\ d_{P_i P_{i+q+u}} &= \sqrt{(x_{i+q+u} - x_i)^2 + (y_{i+q+u} - y_i)^2 + (z_{i+q+u} - z_i)^2} \\ d_{P_{i+q} P_{i+q+u}} &= \sqrt{(x_{i+q+u} - x_{i+q})^2 + (y_{i+q+u} - y_{i+q})^2 + (z_{i+q+u} - z_{i+q})^2} \end{aligned} \tag{4.10}$$

$$\theta = 180° - \arccos \frac{d_{P_i P_{i+q}}^2 + d_{P_{i+q} P_{i+q+u}}^2 - d_{P_i P_{i+q+u}}^2}{2 d_{P_i P_{i+q}} d_{P_{i+q} P_{i+q+u}}} \tag{4.11}$$

(3)建立优化模型完成已知虚假航迹的飞行策略

为了利用 9 架无人机产生最多的虚拟航迹,需要在每一雷达监测时刻产生最多的虚拟目标. 若完成虚拟航迹所需的无人机数量越少,那么在某一时刻,不需要对雷达发射已知虚假目标信息的其余 6 架无人机,在该时刻前后若干时刻点,需要为已知虚假航迹提供信息的可能性就越小,能选择的实际目标点范围就越大,产生合理虚假目标的可能性就越大.

在任意空域,以一架飞机经过最多数量的实际目标点为目标,根据距离限制条件式(4.5)、角度限制条件式(4.9),以及题目所给的限制条件,建立优化模型:

$$\mathrm{Max} \ C = \sum_{i=1}^{20} c_i$$

$$\text{s.t.} \begin{cases} 148.18q \leq d_{i+q} \leq 500q(q=1,2,\cdots,19) \\ \theta \in [0°,16.8°] \\ 2\,000 \leq H \leq 2\,500 \\ D \geq 100 \\ P(x,y,z) \in l_{A_jB_i} \\ c_i \in \{0,1\}(i=1,2,\cdots,19,20) \\ P(x,y,z) \in l_{A_jB_i} \end{cases} \tag{4.12}$$

c_i 代表是否经过第 i 个目标点. 求解得到满足条件的结果见表 4.6—表 4.10,其中,灰色区域为满足距离要求的点,加黑加粗字体为各区域一架无人机最多可以连续经过的实际目标点,即求解得到的最优方案.

在以上各空域的对应平面上,所有 θ 均满足要求,结果见表 4.11.

由此,可以得到无人机飞行规律及协同策略,见表 4.12.

由表 4.12 可知,无人机协同策略如下:

无人机 1:在空域 1 的 2 400 m 平面上,从对应的第一个实际目标点开始,按顺序飞抵第 7 个目标点后,开始下降,并于第 8 时刻飞抵 2 300 m 平面上的第 8 个目标点,之后继续下降,于第 9 时刻飞抵 2 200 m 平面第 9 个目标点,第 10 时刻飞抵 2 100 m 平面的第 10 个目标点,之后在 2 100 m 平面依次经过目标点至第 19 个目标点为止.

无人机 2:在空域 2 的 2 000 m 水平面从第 1 个实际目标点依次飞过,最后到第 20 个目标点为止.

无人机 3:在空域 3 的 2 100 水平面从第 1 个实际目标点依次飞过,最后到第 16 个目标点为止.

无人机 4:在空域 5 的 2 000 m 平面,在第 17 时刻飞抵第 17 个目标点,之后飞到第 18 个目标点为止.

无人机 5:在空域 3 或空域 4 或空域 5 在第 19 时刻飞抵任意 2 000 ~ 2 500 m 平面第 19 个目标点.

无人机 6、7:在除空域 2 外的 4 个空域中,任意两个空域,在第 20 时刻飞抵任意 2 000 ~ 2 500 m 平面第 20 个目标点.

(4)结果分析

①第 5、6、7 架无人机的具体飞行策略,在后续产生新的虚假航迹后,根据这 3 架无人机之前的飞行规律确定.

②根据各空域提供的实际目标点数,来计算各雷达对形成附件 1 中已知虚拟轨迹的贡献度,结果如图 4.11 所示.

模型评价:相比第一问,第二问附加两个条件(无人机可机动飞行和每架无人机能产生至多 7 个假目标信息),重点考虑这些约束条件带来的影响,建立优化模型完成了已知虚假航迹的飞行策略,但模型合理性问题仍然没有验证,建议反推重构出 7 架无人机飞行形成的 20 个虚假目标位置,然后将重构目标点与题中给出的 20 个虚假目标位置进行对比,进而验证模型.

表 4.6 空域 1 中 2 100 m 水平面任意两实际目标点间距离

单位：km

实际目标点	1	2	3	4	5	6	7	8	9	10	11	12	13	14	15	16	17	18	19	20
1	-1	-1	-1	-1	-1	-1	-1	-1	-1	-1	-1	-1	-1	-1	2.31	2.59	2.91	3.28	3.71	4.21
2	-1	-1	-1	-1	-1	-1	-1	-1	-1	-1	-1	-1	-1	1.95	2.21	2.5	2.83	3.21	3.64	4.15
3	-1	-1	-1	-1	-1	-1	-1	-1	-1	-1	-1	-1	1.61	1.84	2.1	2.4	2.74	3.12	3.57	4.08
4	-1	-1	-1	-1	-1	-1	-1	-1	-1	-1	-1	-1	1.49	1.73	1.99	2.3	2.64	3.03	3.48	4
5	-1	-1	-1	-1	-1	-1	-1	-1	-1	-1	-1	1.15	1.37	1.61	1.88	2.19	2.54	2.93	3.39	3.91
6	-1	-1	-1	-1	-1	-1	-1	-1	-1	-1	0.82	1.02	1.24	1.48	1.76	2.07	2.42	2.83	3.29	3.81
7	-1	-1	-1	-1	-1	-1	-1	-1	-1	0.49	0.67	0.88	1.1	1.35	1.63	1.94	2.3	2.71	3.17	3.7
8	-1	-1	-1	-1	-1	-1	-1	-1	0.16	0.34	0.52	0.73	0.95	1.21	1.49	1.81	2.17	2.58	3.04	3.58
9	-1	-1	-1	-1	-1	-1	-1	-1	-1	0.17	0.36	0.57	0.8	1.05	1.33	1.66	2.02	2.43	2.9	3.44
10	-1	-1	-1	-1	-1	-1	-1	-1	-1	-1	0.19	0.4	0.62	0.88	1.17	1.49	1.86	2.27	2.74	3.28
11	-1	-1	-1	-1	-1	-1	-1	-1	-1	-1	-1	0.21	0.44	0.69	0.98	1.31	1.67	2.09	2.57	3.11
12	-1	-1	-1	-1	-1	-1	-1	-1	-1	-1	-1	-1	0.23	0.49	0.78	1.1	1.47	1.89	2.37	2.91
13	-1	-1	-1	-1	-1	-1	-1	-1	-1	-1	-1	-1	-1	0.26	0.55	0.87	1.25	1.67	2.14	2.69
14	-1	-1	-1	-1	-1	-1	-1	-1	-1	-1	-1	-1	-1	-1	0.29	0.62	0.99	1.41	1.89	2.43
15	-1	-1	-1	-1	-1	-1	-1	-1	-1	-1	-1	-1	-1	-1	-1	0.33	0.7	1.12	1.6	2.15
16	-1	-1	-1	-1	-1	-1	-1	-1	-1	-1	-1	-1	-1	-1	-1	-1	0.37	0.79	1.27	1.82
17	-1	-1	-1	-1	-1	-1	-1	-1	-1	-1	-1	-1	-1	-1	-1	-1	-1	0.42	0.9	1.45
18	-1	-1	-1	-1	-1	-1	-1	-1	-1	-1	-1	-1	-1	-1	-1	-1	-1	-1	0.48	-1
19	-1	-1	-1	-1	-1	-1	-1	-1	-1	-1	-1	-1	-1	-1	-1	-1	-1	-1	-1	-1
20	-1	-1	-1	-1	-1	-1	-1	-1	-1	-1	-1	-1	-1	-1	-1	-1	-1	-1	-1	-1

表 4.7　空域 1 中 2 400 m 平面任意两实际目标点间距离

单位：km

实际目标点	1	2	3	4	5	6	7	8	9	10	11	12	13	14	15	16	17	18	19	20
1	-1	0.17	0.34	0.5	0.66	0.82	0.98	1.14	1.31	1.49	1.68	1.88	2.11	2.35	2.64	2.96	3.33	3.75	4.25	4.81
2	-1	-1	0.17	0.33	0.49	0.65	0.81	0.98	1.15	1.34	1.53	1.74	1.97	2.23	2.52	2.85	3.23	3.66	4.16	4.74
3	-1	-1	-1	0.16	0.33	0.49	0.65	0.82	1	1.19	1.39	1.6	1.84	2.1	2.4	2.74	3.13	3.57	4.08	4.66
4	-1	-1	-1	-1	0.16	0.33	0.49	0.66	0.84	1.03	1.24	1.46	1.7	1.97	2.28	2.62	3.02	3.47	3.98	4.57
5	-1	-1	-1	-1	-1	0.16	0.33	0.51	0.69	0.88	1.09	1.31	1.56	1.84	2.15	2.5	2.9	3.35	3.87	4.47
6	-1	-1	-1	-1	-1	-1	0.17	0.34	0.53	0.72	0.93	1.16	1.41	1.69	2.01	2.37	2.77	3.23	3.76	4.36
7	-1	-1	-1	-1	-1	-1	-1	0.18	0.36	0.56	0.77	1	1.26	1.54	1.86	2.22	2.63	3.09	3.63	4.23
8	-1	-1	-1	-1	-1	-1	-1	-1	0.19	0.38	0.6	0.83	1.09	1.38	1.7	2.06	2.48	2.95	3.48	4.09
9	-1	-1	-1	-1	-1	-1	-1	-1	-1	0.2	0.41	0.65	0.91	1.2	1.53	1.89	2.31	2.78	3.32	3.93
10	-1	-1	-1	-1	-1	-1	-1	-1	-1	-1	0.22	0.45	0.71	1.01	1.33	1.7	2.12	2.6	3.14	3.75
11	-1	-1	-1	-1	-1	-1	-1	-1	-1	-1	-1	0.24	0.5	0.79	1.12	1.49	1.91	2.39	2.93	3.55
12	-1	-1	-1	-1	-1	-1	-1	-1	-1	-1	-1	-1	0.26	0.56	0.89	1.26	1.68	2.16	2.71	3.33
13	-1	-1	-1	-1	-1	-1	-1	-1	-1	-1	-1	-1	-1	0.29	0.63	1	1.42	1.9	2.45	3.07
14	-1	-1	-1	-1	-1	-1	-1	-1	-1	-1	-1	-1	-1	-1	0.33	0.71	1.13	1.61	2.16	2.78
15	-1	-1	-1	-1	-1	-1	-1	-1	-1	-1	-1	-1	-1	-1	-1	0.37	0.8	1.28	1.83	2.45
16	-1	-1	-1	-1	-1	-1	-1	-1	-1	-1	-1	-1	-1	-1	-1	-1	0.42	0.91	1.45	-1
17	-1	-1	-1	-1	-1	-1	-1	-1	-1	-1	-1	-1	-1	-1	-1	-1	-1	0.48	-1	-1
18	-1	-1	-1	-1	-1	-1	-1	-1	-1	-1	-1	-1	-1	-1	-1	-1	-1	-1	-1	-1
19	-1	-1	-1	-1	-1	-1	-1	-1	-1	-1	-1	-1	-1	-1	-1	-1	-1	-1	-1	-1
20	-1	-1	-1	-1	-1	-1	-1	-1	-1	-1	-1	-1	-1	-1	-1	-1	-1	-1	-1	-1

表 4.8 空域 2 中 2 000 m 平面任意两实际目标点间距离

单位：km

实际目标点	1	2	3	4	5	6	7	8	9	10	11	12	13	14	15	16	17	18	19	20
1	-1	**0.16**	0.34	0.52	0.72	0.92	1.14	1.37	1.62	1.87	2.15	2.44	2.74	3.07	3.41	3.77	4.16	4.58	5.04	5.53
2	-1	-1	**0.17**	0.36	0.55	0.76	0.98	1.21	1.45	1.71	1.98	2.27	2.58	2.9	3.25	3.61	4	4.42	4.88	5.37
3	-1	-1	-1	**0.18**	0.38	0.59	0.8	1.04	1.28	1.54	1.81	2.1	2.41	2.73	3.07	3.44	3.83	4.25	4.7	5.2
4	-1	-1	-1	-1	**0.2**	0.4	0.62	0.85	1.1	1.35	1.63	1.92	2.22	2.55	2.89	3.25	3.65	4.07	4.52	5.02
5	-1	-1	-1	-1	-1	**0.21**	0.43	0.66	0.9	1.16	1.43	1.72	2.03	2.35	2.69	3.06	3.45	3.87	4.33	4.82
6	-1	-1	-1	-1	-1	-1	**0.22**	0.45	0.69	0.95	1.23	1.52	1.82	2.14	2.49	2.85	3.25	3.67	4.12	4.61
7	-1	-1	-1	-1	-1	-1	-1	**0.23**	0.47	0.73	1.01	1.3	1.6	1.93	2.27	2.64	3.03	3.45	3.9	4.4
8	-1	-1	-1	-1	-1	-1	-1	-1	**0.24**	0.5	0.78	1.07	1.37	1.7	2.04	2.4	2.8	3.22	3.67	4.17
9	-1	-1	-1	-1	-1	-1	-1	-1	-1	**0.26**	0.52	0.82	1.13	1.45	1.8	2.16	2.55	2.97	3.43	3.92
10	-1	-1	-1	-1	-1	-1	-1	-1	-1	-1	**0.27**	0.56	0.87	1.19	1.54	1.9	2.29	2.71	3.17	3.66
11	-1	-1	-1	-1	-1	-1	-1	-1	-1	-1	-1	**0.29**	0.6	0.92	1.26	1.63	2.02	2.44	2.9	3.39
12	-1	-1	-1	-1	-1	-1	-1	-1	-1	-1	-1	-1	**0.31**	0.63	0.97	1.34	1.73	2.15	2.61	3.1
13	-1	-1	-1	-1	-1	-1	-1	-1	-1	-1	-1	-1	-1	**0.32**	0.67	1.03	1.42	1.84	2.3	2.79
14	-1	-1	-1	-1	-1	-1	-1	-1	-1	-1	-1	-1	-1	-1	**0.34**	0.71	1.1	1.52	1.98	2.47
15	-1	-1	-1	-1	-1	-1	-1	-1	-1	-1	-1	-1	-1	-1	-1	**0.37**	0.76	1.18	1.63	2.13
16	-1	-1	-1	-1	-1	-1	-1	-1	-1	-1	-1	-1	-1	-1	-1	-1	**0.39**	0.81	1.27	1.76
17	-1	-1	-1	-1	-1	-1	-1	-1	-1	-1	-1	-1	-1	-1	-1	-1	-1	**0.42**	0.88	1.37
18	-1	-1	-1	-1	-1	-1	-1	-1	-1	-1	-1	-1	-1	-1	-1	-1	-1	-1	**0.45**	0.95
19	-1	-1	-1	-1	-1	-1	-1	-1	-1	-1	-1	-1	-1	-1	-1	-1	-1	-1	-1	**0.49**
20	-1	-1	-1	-1	-1	-1	-1	-1	-1	-1	-1	-1	-1	-1	-1	-1	-1	-1	-1	-1

表 4.9 空域 3 中 2 100 m 平面任意两实际目标点间距离

单位:km

实际目标点	1	2	3	4	5	6	7	8	9	10	11	12	13	14	15	16	17	18	19	20
1	-1	0.16	0.33	0.51	0.71	0.91	1.13	1.37	1.63	1.92	2.22	2.56	2.92	3.32	3.75	4.22	4.73	5.3	5.92	6.6
2	-1	-1	0.17	0.35	0.55	0.75	0.98	1.22	1.48	1.77	2.08	2.42	2.79	3.19	3.62	4.09	4.61	5.18	5.8	6.49
3	-1	-1	-1	0.18	0.38	0.59	0.81	1.06	1.32	1.61	1.92	2.27	2.64	3.04	3.48	3.95	4.47	5.04	5.67	6.36
4	-1	-1	-1	-1	0.2	0.41	0.63	0.88	1.15	1.44	1.75	2.1	2.47	2.87	3.31	3.79	4.31	4.89	5.52	6.21
5	-1	-1	-1	-1	-1	0.21	0.44	0.69	0.95	1.25	1.56	1.91	2.29	2.69	3.13	3.61	4.14	4.71	5.34	6.04
6	-1	-1	-1	-1	-1	-1	0.23	0.48	0.75	1.04	1.36	1.71	2.08	2.49	2.93	3.42	3.94	4.52	5.15	5.85
7	-1	-1	-1	-1	-1	-1	-1	0.25	0.52	0.81	1.13	1.48	1.86	2.27	2.71	3.2	3.72	4.3	4.94	5.64
8	-1	-1	-1	-1	-1	-1	-1	-1	0.27	0.56	0.89	1.24	1.61	2.02	2.47	2.95	3.48	4.06	4.7	5.4
9	-1	-1	-1	-1	-1	-1	-1	-1	-1	0.29	0.62	0.97	1.35	1.76	2.2	2.69	3.22	3.8	4.44	5.14
10	-1	-1	-1	-1	-1	-1	-1	-1	-1	-1	0.32	0.67	1.05	1.46	1.91	2.4	2.93	3.51	4.15	4.85
11	-1	-1	-1	-1	-1	-1	-1	-1	-1	-1	-1	0.35	0.73	1.14	1.59	2.08	2.61	3.19	3.83	-1
12	-1	-1	-1	-1	-1	-1	-1	-1	-1	-1	-1	-1	0.38	0.79	1.24	1.73	2.26	2.84	3.48	-1
13	-1	-1	-1	-1	-1	-1	-1	-1	-1	-1	-1	-1	-1	0.41	0.86	1.35	1.88	2.47	-1	-1
14	-1	-1	-1	-1	-1	-1	-1	-1	-1	-1	-1	-1	-1	-1	0.45	0.94	1.47	-1	-1	-1
15	-1	-1	-1	-1	-1	-1	-1	-1	-1	-1	-1	-1	-1	-1	-1	0.49	-1	-1	-1	-1
16	-1	-1	-1	-1	-1	-1	-1	-1	-1	-1	-1	-1	-1	-1	-1	-1	-1	-1	-1	-1
17	-1	-1	-1	-1	-1	-1	-1	-1	-1	-1	-1	-1	-1	-1	-1	-1	-1	-1	-1	-1
18	-1	-1	-1	-1	-1	-1	-1	-1	-1	-1	-1	-1	-1	-1	-1	-1	-1	-1	-1	-1
19	-1	-1	-1	-1	-1	-1	-1	-1	-1	-1	-1	-1	-1	-1	-1	-1	-1	-1	-1	-1
20	-1	-1	-1	-1	-1	-1	-1	-1	-1	-1	-1	-1	-1	-1	-1	-1	-1	-1	-1	-1

表 4.10　空域 5 中 2 000 m 平面任意两实际目标点点间距离

单位:km

实际目标点	1	2	3	4	5	6	7	8	9	10	11	12	13	14	15	16	17	18	19	20
1	—	—	—	—	—	—	—	—	—	—	—	—	—	—	—	—	—	—	—	3.14
2	—	—	—	—	—	—	—	—	—	—	—	—	—	—	—	—	—	—	—	3.25
3	—	—	—	—	—	—	—	—	—	—	—	—	—	—	—	—	—	—	2.76	3.33
4	—	—	—	—	—	—	—	—	—	—	—	—	—	—	—	—	—	2.32	2.82	3.39
5	—	—	—	—	—	—	—	—	—	—	—	—	—	—	—	—	1.92	2.36	2.86	3.43
6	—	—	—	—	—	—	—	—	—	—	—	—	—	—	—	—	1.93	2.37	2.87	3.44
7	—	—	—	—	—	—	—	—	—	—	—	—	—	—	—	1.54	1.92	2.36	2.86	3.43
8	—	—	—	—	—	—	—	—	—	—	—	—	—	—	1.18	1.5	1.88	2.32	2.82	3.39
9	—	—	—	—	—	—	—	—	—	—	—	—	—	0.83	1.11	1.43	1.81	2.25	2.75	3.33
10	—	—	—	—	—	—	—	—	—	—	—	—	0.49	0.73	1.01	1.34	1.72	2.15	2.66	3.23
11	—	—	—	—	—	—	—	—	—	—	—	**0.16**	0.36	0.6	0.88	1.21	1.59	2.03	2.53	3.11
12	—	—	—	—	—	—	—	—	—	—	—	—	**0.2**	0.44	0.72	1.05	1.43	1.87	2.37	2.95
13	—	—	—	—	—	—	—	—	—	—	—	—	—	**0.24**	0.52	0.85	1.23	1.67	2.17	2.75
14	—	—	—	—	—	—	—	—	—	—	—	—	—	—	**0.28**	0.61	0.99	1.43	1.94	2.51
15	—	—	—	—	—	—	—	—	—	—	—	—	—	—	—	**0.33**	0.71	1.15	1.66	2.23
16	—	—	—	—	—	—	—	—	—	—	—	—	—	—	—	—	**0.38**	0.82	1.33	1.9
17	—	—	—	—	—	—	—	—	—	—	—	—	—	—	—	—	—	**0.44**	0.94	—
18	—	—	—	—	—	—	—	—	—	—	—	—	—	—	—	—	—	—	—	—
19	—	—	—	—	—	—	—	—	—	—	—	—	—	—	—	—	—	—	—	—
20	—	—	—	—	—	—	—	—	—	—	—	—	—	—	—	—	—	—	—	—

表 4.11　待选空域及平面内相邻 3 点所在直线间的 θ　　单位:(°)

无人机编号	空域1 2 100 m	空域1 2 400 m	空域2 2 000 m	空域3 2 100 m	空域5 2 000 m
1	5.74	5.74	1.79	7.39	4.55
2	6.19	6.19	1.54	6.67	7.03
3	6.51	6.51	1.42	6.04	12.5
4	6.73	6.73	1.23	5.28	23.5
5	6.8	6.8	1.15	4.73	37.2
6	6.74	6.74	1.02	4.15	30.4
7	6.51	6.51	0.9	3.66	16.4
8	6.06	6.06	0.79	3.19	8.88
9	5.64	5.64	0.64	2.81	5.56
10	5.09	5.09	0.62	2.54	3.67
11	5.23	5.23	0.24	2.38	3.48
12	4.54	4.54	0.1	2.11	2.7
13	3.71	3.71	0.03	1.79	2.09
14	3.23	3.23	0.14	1.63	1.79
15	2.61	2.61	0.24	1.37	1.48
16	2.23	2.23	0.3	1.24	1.28
17	1.83	1.83	0.44	1.05	1.19
18	1.51	1.51	0.42	0.92	0.98

表 4.12　完成已知虚假航迹的无人机运动规律和协同策略

无人机编号	空域	高度/m	经过的实际目标点
1	1	2 400	1→2→…→6→7
		2 300	7→8
		2 200	8→9
		2 100	9→10→…→18→19
2	2	2 000	1→2→…→19→20
3	3	2 100	1→2→…→15→16
4	5	2 000	17→18
5	3 或 4 或 5	2 000 ~ 500	19
6、7	1、3、4、5 中的任意两个	2 000 ~2 500	20

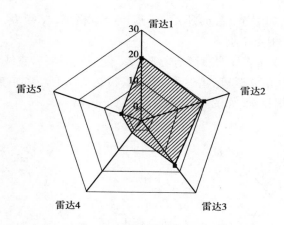

图 4.11　各雷达对形成虚拟轨迹的贡献度

4.5.2.2　最多可以产生的虚假航迹数目

根据题目,需要由连续 20 个符合"同源检验"的虚假目标点构成一条虚假航迹,也就是说,完成一条虚假航迹需要 200 s.那么在题目所给的 5 min,也就是 300 s 的时间段内,有 100 s 的时间 9 架无人机不受限制.根据 4.5.2.1 节给出的飞行策略,直到第 17 时刻,才开始需要第 4 架无人机参与.可以认为,在实现虚拟航迹的前 10 个时刻,除已确定位置的 3 架无人机外,其他 6 架无人机基本不受限,能够产生最多的可能性.

形成虚假航迹的方式为:前 100 s 的 10 个时刻,9 架无人机飞行规律自由确定,从第 11 时刻开始,至第 30 时刻,根据 5.2.1 节所给的飞行规律和协同策略,分配出需要实现已知虚拟航迹的无人机.

将 300 s 平均分为 3 组,每组 10 个时刻.第二组的第 11—20 时刻因为要完成已知假航迹,已有 3 架无人机的位置已知,所以,如果在第二组得到的最多航迹数,就是题目要求 5 min 内,还能生成的最多航迹数.接下来均以第二组,也就是第 11—20 时刻为研究目标.

（1）每一时刻产生最多的虚假目标点

根据 4.4.2 节分析,为产生最多的虚假航迹,需在每个时刻均产生最多的虚假目标点.根据题目,至少有 3 部雷达同一时刻解算出的目标空间位置相同,才认为该虚假目标合理,虚假目标点位于无人机与雷达所在直线上.那么,该问题可转化为,如何使空间内 9 条直线,任意 3 条相交于一点,最终产生出最多的交点.

在第 11—20 时刻,为完成虚假航迹,已有 3 架无人机的位置已知,以第 11—20 十个时刻中的某一时刻为例,在已知 3 条直线的条件下,采用依次增加直线的方式,通过使每条直线与最多的已有直线相交,来得到最多的虚假目标点.

Step 1:确定第 4 条直线.B_{0i} 为已知的第 i 个虚假目标点,$l_{A_1B_{0i}}$、$l_{A_2B_{0i}}$、$l_{A_3B_{0i}}$ 为已知直线.A_4、A_5 不在 A_1、A_2、A_3 以及 B_{0i} 所形成的 3 个平面上,如图 4.12（a）所示,过 A_4 的直线最多只能与 1 条直线相交,交点为 B_{2i}.

Step 2:确定第 5 条直线.同理,过 A_5 的直线无法与 $l_{A_1B_{0i}}$、$l_{A_2B_{0i}}$、$l_{A_3B_{0i}}$ 中的两条直线同时相交,但是 5 个雷达所形成的五边形为凸五边形,如图 4.12（b）所示,过 A_5 且与 $l_{A_2B_{0i}}$ 相交的直线,存在一个位置使其同时与 $l_{A_4B_2}$ 相交.

Step 3:确定第 6、7 条直线.此时,均有两条直线经过 B_{1i}、B_{2i}、B_{4i},同时,B_{1i}、B_{2i}、B_{4i}、

A_4、A_5在同一平面上，如图4.12(c)所示，在A_4与B_{4i}相交，A_5与B_{2i}相交的同时，$l_{A_4B_{4i}}$和$l_{A_5B_{2i}}$也会在该平面内相交于点B_{3i}.

Step 4：确定第8、9条直线. 此时，剩余B_{1i}、B_{3i}两点还需要有直线经过，根据图4.11所示，各雷达对虚拟轨迹的贡献度，雷达1、雷达2、雷达3都有较大可能存在合理的实际目标点，产生相应的虚拟目标. 如图4.12(d)所示，这里，以$l_{A_2B_{1i}}$和$l_{A_3B_{3i}}$这种情况为例，进行接下来的求解.

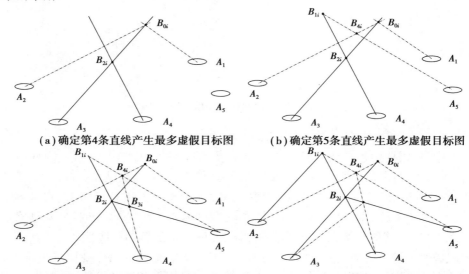

(a)确定第4条直线产生最多虚假目标图   (b)确定第5条直线产生最多虚假目标图

(c)确定第6、7条直线产生最多虚假目标图   (d)确定第8、9条直线产生最多虚假目标图

图4.12　产生最多虚假目标示意图

(2)求解各虚拟目标点坐标

1)求解B_{1i}所在直线方程

以图4.12(d)所示这种情况为例，对平面$A_3A_4B_{0i}$，其法向量为：$\overrightarrow{ABC}$，则有：

$$\overrightarrow{ABC}=\overrightarrow{A_3A_4}\times\overrightarrow{A_4B_{0i}}$$

设此时平面$A_3A_4B_{0i}$的方程为：

$$Ax+By+Cz+D=0$$

A_3为该平面的已知点，有：

$$D=-Ax_{A_3}-By_{A_3}-Cz_{A_3}$$

平面$A_3A_4B_{0i}$的方程为：

$$Ax+By+Cz+Ax_{A_3}-By_{A_3}-Cz_{A_3}=0$$

同理，可以得到平面$A_2A_5B_{0i}$的方程为：

$$A'x+B'y+C'z-A'x_{A_2}-B'y_{A_2}-C'z_{A_2}=0$$

B_{1i}位于平面$A_3A_4B_{0i}$和平面$A_2A_5B_{0i}$相交的直线上$l_{B_{1i}}$，其方程为：

$$\begin{cases}Ax+By+Cz-Ax_{A_3}-By_{A_3}-Cz_{A_3}=0\\A'x+B'y+C'z-A'x_{A_2}-B'y_{A_2}-C'z_{A_2}=0\end{cases}\tag{4.13}$$

2)求解B_{2i}、B_{3i}、B_{4i}点坐标

设B_{1i}的坐标为$(x_{B_{1i}},y_{B_{1i}},z_{B_{1i}})$，求解$B_{2i}$、$B_{3i}$、$B_{4i}$的坐标. 以$B_{2i}$为例：$B_{2i}$为$l_{A_3B_{0i}}$与

$l_{A_4 B_{1i}}$ 的交点, 有:

$$\frac{x_{B_{2i}} - x_{A_3}}{x_{A_3} - x_{B_{0i}}} = \frac{y_{B_{2i}} - y_{A_3}}{y_{A_3} - y_{B_{0i}}} = \frac{z_{B_{2i}} - z_{A_3}}{z_{A_3} - z_{B_{0i}}}$$

$$\frac{x_{B_{2i}} - x_{A_4}}{x_{A_4} - x_{B_{1i}}} = \frac{y_{B_{2i}} - y_{A_4}}{y_{A_4} - y_{B_{1i}}} = \frac{z_{B_{2i}} - z_{A_4}}{z_{A_4} - z_{B_{1i}}}$$

其中, $A_3(x_{A_3}, y_{A_3}, z_{A_3})$, $A_4(x_{A_4}, y_{A_4}, z_{A_4})$, $B_{0i}(x_{B_{0i}}, y_{B_{0i}}, z_{B_{0i}})$ 的坐标已知. 可得 $B_{2i}(x_{B_{2i}}, y_{B_{2i}}, z_{B_{2i}})$ 的坐标为:

$$\begin{cases} x_{B_{2i}} = \dfrac{(y_{B_{2i}} - y_{A_3})(x_{A_3} - x_{B_{0i}})}{(y_{A_3} - y_{B_{0i}})} + x_{A_3} \\[3mm] z_{B_{2i}} = \dfrac{(y_{B_{2i}} - y_{A_3})(z_{A_3} - z_{B_{0i}})}{(y_{A_3} - y_{B_{0i}})} + z_{A_3} \\[3mm] y_{B_{2i}} = \dfrac{y_{A_4}(y_{A_3} - y_{B_{0i}})(x_{A_4} - x_{B_{1i}}) - y_{A_3}(y_{A_4} - y_{B_{1i}})(x_{A_3} - x_{B_{0i}}) + (x_{A_3} - x_{A_4})(y_{A_4} - y_{B_{1i}})(y_{A_3} - y_{B_{0i}})}{(y_{A_3} - y_{B_{0i}})(x_{A_4} - x_{B_{1i}}) - (y_{A_4} - y_{B_{1i}})(x_{A_3} - x_{B_{0i}})} \end{cases} \tag{4.14}$$

同理, B_{4i} 点坐标为:

$$\begin{cases} x_{B_{4i}} = \dfrac{(y_{B_{4i}} - y_{A_2})(x_{A_2} - x_{B_{0i}})}{(y_{A_2} - y_{B_{0i}})} + x_{A_2} \\[3mm] z_{B_{4i}} = \dfrac{(y_{B_{4i}} - y_{A_2})(z_{A_2} - z_{B_{0i}})}{(y_{A_2} - y_{B_{0i}})} + z_{A_2} \\[3mm] y_{B_{4i}} = \dfrac{y_{A_5}(y_{A_2} - y_{B_{0i}})(x_{A_5} - x_{B_{1i}}) - y_{A_2}(y_{A_5} - y_{B_{1i}})(x_{A_2} - x_{B_{0i}}) + (x_{A_2} - x_{A_4})(y_{A_4} - y_{B_{1i}})(y_{A_2} - y_{B_{0i}})}{(y_{A_2} - y_{B_{0i}})(x_{A_5} - x_{B_{1i}}) - (y_{A_5} - y_{B_{1i}})(x_{A_2} - x_{B_{0i}})} \end{cases} \tag{4.15}$$

B_{3i} 点坐标为:

$$\begin{cases} x_{B_{3i}} = \dfrac{(y_{B_{3i}} - y_{A_5})(x_{A_5} - x_{B_{2i}})}{(y_{A_5} - y_{B_{2i}})} + x_{A_5} \\[3mm] z_{B_{3i}} = \dfrac{(y_{B_{3i}} - y_{A_5})(z_{A_5} - z_{B_{2i}})}{(y_{A_5} - y_{B_{2i}})} + z_{A_5} \\[3mm] y_{B_{3i}} = \dfrac{y_{A_4}(y_{A_5} - y_{B_{2i}})(x_{A_4} - x_{B_{4i}}) - y_{A_5}(y_{A_4} - y_{B_{4i}})(x_{A_5} - x_{B_{2i}}) + (x_{A_5} - x_{A_4})(y_{A_4} - y_{B_{4i}})(y_{A_5} - y_{B_{2i}})}{(y_{A_5} - y_{B_{2i}})(x_{A_4} - x_{B_{4i}}) - (y_{A_4} - y_{B_{4i}})(x_{A_5} - x_{B_{2i}})} \end{cases} \tag{4.16}$$

4.5.2.3 第11至第20时刻4个虚拟航迹及6架无人机运动规律

根据以上分析, 每一个虚拟航迹只能由一架飞机来完成.

(1) 各时刻4个虚拟目标点的范围及其对应的6架无人机的范围

1) 两相邻虚假目标点间距离范围

附件1所给虚假目标速度为200 km/h左右, 而根据文献[3], 虚假目标多是模拟战斗机飞行情况, 苏联Su2等战斗机的最大速度为485 km/h, 而苏27、苏30、歼-10、歼-11、F-16、欧洲双风等战斗机的一般飞行速度为1 000 km/h, 设其最大速度为1 000 km/h. 根据5.2.1.1中式(4.3)和式(4.4), 可以得到 $s_{min} = 497.4$ m, 最大距离仍是以最大速度直线飞行的距离. 由此, 可以得到相邻两虚假目标的距离范围为:

$$s_{ij} \in [497.4, 6\,940] \tag{4.17}$$

2)相邻两实际目标点间距离范围

由 5.2.1.1 可知,两实际目标点间距离范围为:

$$d_{nj} \in [148.18, 500] \qquad (4.18)$$

3)虚拟点与雷达间的距离范围

由题目可知,虚拟点与雷达间的距离范围为:

$$h_{ij} \in [0, 150\,000] \qquad (4.19)$$

根据式(4.17)—式(4.19)以及 B_{2i}、B_{3i}、B_{4i} 的坐标,可以得到 4 个虚拟目标点各时刻的范围,以及 6 架无人机实际目标点的范围. 如图 4.13 所示为 B_{1i} 所有点的位置.

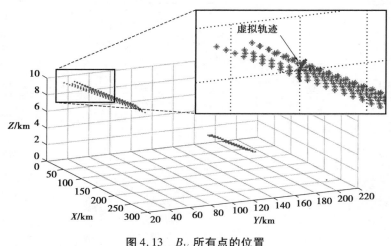

图 4.13　B_{1i} 所有点的位置

(2)求解 6 架无人机的飞行规律及虚拟目标位置

由 5.2.1.2 可知,无人机是否能按顺序飞过相邻 3 点,不仅与两点间距离有关,还与相邻 3 点所形成的直线间的角度有关. 在上述求解得到的实际目标点范围内,根据限定条件式(4.9),$\theta \in [0°, 16.8°]$,以及两无人机间距离大于 100 m,来确定是否可以由一架无人机按顺序依次飞过各目标点. 一架无人机可以按顺序遍历所有目标点.

得到各无人机位置后,即可求得每一时刻虚拟目标的位置,结果如图 4.14 所示.

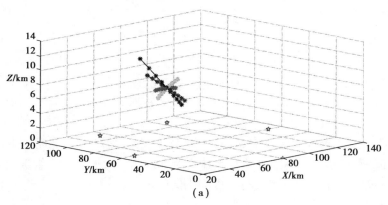

(a)

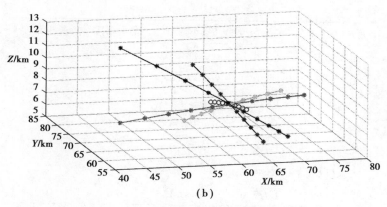

（b）

图 4.14　5 条虚拟航迹图

问题二的程序和问题二的解算结果

4.5.2.4　第 1 至第 10 时刻的虚拟航迹及 9 架无人机运动规律

各无人机在 11 至 20 任意时刻符合图 4.12（d）时,就可以明确 1 到 10 任意时刻虚拟点与雷达的位置关系,如图 4.15 所示.

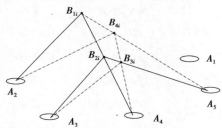

图 4.15　第 1 至第 10 时刻间任意时刻虚拟点与雷达关系图

根据虚拟航迹在第 11 至第 20 时刻的运动规律,拟合出 4 条直线方程,以此来得到 1—10 各时刻的虚拟位置,问题就转化为已知虚拟目标点,求解无人机运动规律.求解方法与 4.5.2.1 相同.

验证 9 架无人机是否可以从第 1 个目标点飞抵至第 20 个目标点,即验证其是否满足角度限制条件式（4.9）和距离限制条件式（4.17）.同理,对 4 条虚拟航迹进行验证,结果见表 4.13,所有点均满足限制条件.可以得到满足要求的各无人机运动规律及协同策略,结果见表 4.14.

表 4.13　无人机及虚假目标点验证结果

无人机编号	最大速度	最小速度	最大角度	最小角度
无人机 1	1 768.4	1 123.7	1.9	0.3
无人机 2	1 741.1	1 080.3	1.9	0.2

续表

无人机编号	最大速度	最小速度	最大角度	最小角度
无人机 3	1 764.1	1 118.6	2.0	0.0
无人机 4	1 750.0	1 121.0	2.0	0.3
无人机 5	1 728.2	1 120.7	1.8	0.1
无人机 6	1 756.9	1 105.5	1.7	0.5
无人机 7	1 799.4	1 130.9	1.8	0.6
无人机 8	1 684.7	1 114.9	2.0	0.2
无人机 9	1 737.0	1 086.1	1.8	0.0
虚假目标编号	最大速度	最小速度	最大角度	最小角度
虚假目标 1	13 357.2	1 349.4	0.4	0.2
虚假目标 2	13 092.3	472.8	1.2	0.1
虚假目标 3	20 335.7	2 402.5	1.3	0.5
虚假目标 4	7 654.9	4 491.2	2.0	0.9

表 4.14　各无人机运动规律及协同策略

无人机编号	空域	高度/m	经过的实际目标点
1	1	2 000 ~ 2 500	1→2→…→28→29
2	2	2 000 ~ 2 500	1→2→…→29→30
3	3	2 000 ~ 2 500	1→2→…→25→26
4	2	2 000 ~ 2 500	1→2→…→20,27
5	3	2 000 ~ 2 500	1→2→…→20,28
6	4	2 000 ~ 2 500	1→2→…→20,29
7	4	2 000 ~ 2 500	1→2→…→20,30
8	5	2 000 ~ 2 500	1→2→…→20,27→28
9	5	2 000 ~ 2 500	1→2→…→19→20

结论:9 架无人机在 5 min 内,完成附件 1 要求的虚假航迹的同时,最多还可以产生 4 条虚假航迹,且 4 条虚假航迹均合理.

4.5.3　问题三:雷达受干扰条件下,无人机产生虚假目标航迹的优化模型

在满足题目所给的雷达干扰方式以及同源检验的条件下,可以产生更多的虚拟目标.与问题二相比,在问题二已经求得最多条虚拟航迹的条件下,该问题可转化为:雷达受干扰而导致产生的新的虚拟目标,是否能够组成 1 条可以与问题二中 5 条虚拟航迹共同存在的新航迹.

4.5.3.1　雷达受干扰情况

在 5 min,也就 300 s 内,同样将其分为 3 组,每 10 个时刻分为 1 组,1 组:第 1 时刻—第 10 时刻;2 组:第 11 时刻—第 20 时刻;3 组:第 21 时刻—第 30 时刻.

在雷达不受干扰的情况下,也就是问题二求解到的结果,如图 4.16 所示.

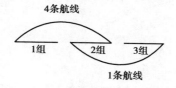

图 4.16　问题二求解结果

1 组与 2 组共同组成 4 条航迹,2 组与 3 组共同组成 1 条航迹.在 1 组中的每个时刻,有 1 架空闲飞机,2 组内没有空闲飞机,3 组内每一时刻有 6 架空闲飞机.1 组内的 1 架空闲飞机无法形成更多的虚假目标,而 3 组内的 6 架飞机至少可以形成 10 个合理虚假目标点.为了产生新的虚假航迹,需要 2 组内再产生 10 个虚假目标点,与 3 组内 10 个点一起,组成 1 条新的虚假航迹.雷达受到的干扰均在 2 组所在时刻发生.

在问题二图 4.12(d)所示的位置关系下,同时干扰两部或以上雷达,均不满足题目中要求的同源检验形式.也就是说,同一时刻,只能有 1 部雷达被干扰.

4.5.3.2　雷达被干扰后产生新虚假目标的情况

(1)被干扰雷达的空域有一架无人机

以雷达 A_1 被干扰为例.如图 4.17 所示,当雷达 A_1 在某时刻被干扰时,雷达 A_1 的空域仅有 1 架无人机可以对除雷达 A_1 外的任意雷达产生干扰,而它与雷达所在直线与任意图中已存在直线相交,都无法通过雷达的同源检验.

当被干扰雷达的空域有 1 架无人机时,无法形成新的虚假目标.

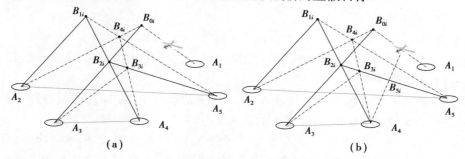

图 4.17　一个空域一架无人机示意图

(2)当一个空域有两架无人机时

以 A_2 被干扰为例,如图 4.18 所示,当雷达 A_2 被干扰时,有两架无人机均可对除雷达 A_2 外的雷达产生干扰.此时,有可能形成的新的虚假目标 B_{5i}.根据一条航迹中这类特殊的航迹点的个数不能超过 3 个,在 i 时刻、$i+1$ 时刻、$i+2$ 时刻 B_{5i} 可由雷达 A_2 空域的两架无人机形成合理虚假点.而此后,B_0 航迹和 B_1 航迹均不能再出现由两个雷达确定一虚拟目标的情况.对 5 条航迹,最多只能产生 6 个虚拟目标,无法与 3 组中 10 个目标组成 1 条虚拟航迹.

当被干扰雷达的空域有两架无人机时,无法形成新的虚假目标.

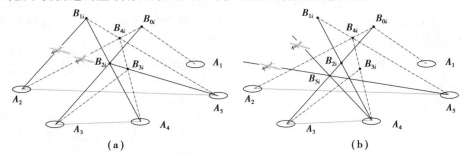

图4.18　一个空域两架无人机示意图

（3）被干扰雷达的空域有 3 架无人机

如图 4.19 所示,如果雷达 A_2 空域有 3 架无人机,当 A_2 被干扰时,会同时影响到 3 条虚假航迹,此时,最多形成 3 个新的虚假目标,同样无法形成 1 条新的虚假航迹.

当被干扰雷达的空域有 3 架无人机时,无法形成新的虚假目标.

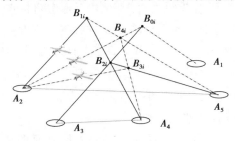

图4.19　一个空域 3 架无人机示意图

（4）当一个空域有 4 架及以上无人机时

在问题二中,通过数据分析发现,当一个空域有 4 架及以上无人机时,无法形成 4 个新的合理虚拟航迹,无须赘叙.

4.5.3.3　产生最多的虚假航迹运动规律及无人机飞行规律

由 4.5.3.2 分析可知,即使通过干扰雷达产生新的虚假目标,也无法在问题二的基础上形成 1 条新的虚假航迹.

在雷达受到干扰时,9 架无人机在 5 min 内,完成附件 1 要求的虚假航迹的同时,最多还可产生出 4 条虚假航迹,且 4 条虚假航迹均合理.

模型评价:根据问题二的额外虚假航迹讨论思路,得到结论.但问题解决不够深入,建议重点分析两个雷达作用下的虚假航迹点带来的影响,并在问题二的基础上优化无人机调动方案.

4.6　模型的评价及推广

4.6.1　模型的优点

①本文模型建立得到的虚拟航迹准确无误差,确保雷达识别为预期虚拟轨迹.

②本文模型可以直接求解无人机的位置和运动状态,减少了无人机运动状态的控制

量,为投入实际应用带来了便利.

③本文模型建立过程严格按照实际要求和数学关系求解.

④模型求解结果表明该模型可行性高,可以在干扰过程中同时产生最多的虚拟航线,达到欺骗的目的.

4.6.2　模型的不足

①本文并未考虑无人机在实际工作中电量问题,今后可以进一步研究.

②若想将此模型真正应用于作战过程,需配合进一步的雷达精确定位技术和多无人机协同控制技术.

4.6.3　模型的推广

本文对多无人机协同干扰组网雷达进行了分析,推导了多机协同欺骗的数学模型,研究了多机协同干扰过程中的空间几何约束和运动约束条件.本模型可用于减少敌方各种形式的雷达探测,为战斗机袭击、导弹空袭、封锁突破等各种军事及非军事行动提供实践指导,具有较好的现实意义.

本章图片

参考文献

[1] Pachter M, Chandler P, Larson R, et al. Concepts for Generating Coherent Radar Phantom Tracks Using Cooperating Vehicles[C]// AIAA Guidance, Navigation, and Control Conference and Exhibit. 2013.

[2] sun L X, Zhao B, Qiu W J, et al. A Technique for Generating the Radars False Target with signature of Flight Path[J]. Radar science & Technology, 2005,3(4):198—202 (in Chinese).

[3] 付昭旺,于雷,寇英信,等. 混合编队协同空战电子支援干扰功率分配方法[J]. 系统工程与电子技术, 2012, 34(6):1171-1175.

[4] 苏金明,王永利. MATLAB7.0 实用指南[M].北京:电子工业出版社,2004.

建模特色点评

本文被评为"华为杯"全国研究生数学建模竞赛优秀论文一等奖,现以全文展示整个建模过程.

问题一,无人机做匀速直线运动,结合飞行速度、飞行高度、等时到达、直线飞行等约束,以成功配对数最多为目标,建立了0-1规划模型,采用遍历搜索算法对模型进行求解.阐述了无人机运动规律及协同策略不唯一性.本模型思路清晰,但模型合理性并没有验证. 问题二, 分析无人机机动飞行的特点, 基于一架无人机最多产生 7 个虚假目标的要求, 综合考虑最大转弯半径、最大加速度、无人机速度范围等约束条件, 建立优化模型完成了已知虚假航迹的飞行策略, 但模型合理性问题没有验证, 建议反推重构出 7 架无人机飞行形成的 20 个虚假目标位置, 然后将重构目标点与题中给出的 20 个虚假目标位置进行对比, 进而验证模型. 问题三, 除了考虑只有在第 11 到第 20 时刻内雷达被干扰, 才可能生成新的虚假航迹, 还需要考虑两个雷达作用下的虚假航迹点带来的影响, 在问题二的基础上优化无人机调动方案, 并对模型的合理性进行验证.

多无人机对组网雷达的协同干扰问题是当今电子对抗界面临的一个重大问题, 在军事中得到了广泛应用. 本文主要研究了如何利用多架无人机通过距离假目标欺骗对组网雷达协同干扰. 论文建模思路清晰、模型建立层层递进, 模型实现算法简单有效, 并展示了大量的实验结果和对比图表, 做出了卓有成效的工作.

宋丽娟

5

基于改进蚁群算法的飞行航迹多目标优化研究·············◎

竞赛原题再现　2019 年 F 题：多约束条件下智能飞行器航迹快速规划

复杂环境下航迹快速规划是智能飞行器控制的一个重要课题.受系统结构限制,这类飞行器的定位系统无法对自身进行精准定位,一旦定位误差积累到一定程度可能导致任务失败.在飞行过程中对定位误差进行校正是智能飞行器航迹规划中的一项重要任务.本题目研究智能飞行器在系统定位精度限制下的航迹快速规划问题.

假设飞行器的飞行区域如图 5.1 所示,出发点为 A 点,目的地为 B 点.其航迹约束如下:

①飞行器在空间飞行过程中需要实时定位,其定位误差包括垂直误差和水平误差.飞行器每飞行 1 m,垂直误差和水平误差将各增加 δ 个专用单位,以下简称"单位".到达终点时垂直误差和水平误差均应小于 θ 个单位,为简化问题,假设当垂直误差和水平误差均小于 θ 个单位时,飞行器仍能够按照规划路径飞行.

②飞行器在飞行过程中需要对定位误差进行校正.飞行区域中存在一些安全位置(称为校正点)可用于误差校正,当飞行器到达校正点即能够根据该位置的误差校正类型进行误差校正.校正垂直和水平误差的位置可根据地形在航迹规划前确定(图 5.1 为某条航迹的示意图,三角形的点为水平误差校正点,正方形的点为垂直误差校正点,出发点为 A 点,目的地为 B 点,黑色曲线代表一条航迹).可校正的飞行区域分布位置依赖于地形,无统一规律.若垂直误差、水平误差都能得到及时校正,则飞行器可以按照预定航线飞行,通过若干个校正点进行误差校正后最终到达目的地.

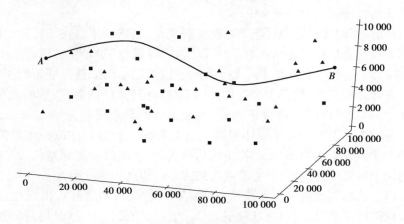

图 5.1　飞行器航迹规划区域示意图

③在出发地 A 点,飞行器的垂直和水平误差均为 0.

④飞行器在垂直误差校正点进行垂直误差校正后,其垂直误差将变为 0,水平误差保持不变.

⑤飞行器在水平误差校正点进行水平误差校正后,其水平误差将变为 0,垂直误差保持不变.

⑥当飞行器的垂直误差不大于 α_1 个单位,水平误差不大于 α_2 个单位时才能进行垂直误差校正.

⑦当飞行器的垂直误差不大于 β_1 个单位,水平误差不大于 β_2 个单位时才能进行水平误差校正.

⑧飞行器在转弯时受到结构和控制系统的限制,无法完成即时转弯(飞行器前进方向无法突然改变),假设飞行器的最小转弯半径为 200 m.

请为上述智能飞行器建立从 A 点飞到 B 点的航迹规划一般模型和算法,并完成以下问题:

问题一:针对附件 1 和附件 2 中的数据分别规划满足条件(1)—(7)时飞行器的航迹,并且综合考虑以下优化目标:(A)航迹长度尽可能小;(B)经过校正区域进行校正的次数尽可能少.并讨论算法的有效性和复杂度.

其中,附件 1 数据的参数为:
$$\alpha_1 = 25, \alpha_2 = 15, \beta_1 = 20, \beta_2 = 25, \theta = 30, \delta = 0.001$$

附件 2 中数据的参数为:
$$\alpha_1 = 20, \alpha_2 = 10, \beta_1 = 15, \beta_2 = 20, \theta = 20, \delta = 0.001$$

请绘出两个数据集的航迹规划路径,并将结果(即飞行器从起点出发经过的误差校正点编号及校正前误差)依次填入航迹规划结果表,放于正文中,同时将两个数据集的结果填入附件 3 的 Sheet 1 和 Sheet 2 中.

问题二:针对附件 1 和附件 2 中的数据(参数与第一问相同)分别规划满足条件(1)—(8)时飞行器的航迹,并且综合考虑以下优化目标:(A)航迹长度尽可能小;(B)经过校正区域进行校正的次数尽可能少.并讨论算法的有效性和复杂度.

请绘出两个数据集的航迹规划路径,并将结果(即飞行器从起点出发经过的误差校正点编号及校正前误差)依次填入航迹规划结果表,放于正文中,同时将两个数据集的结果填入附件 3 的 Sheet 3 和 Sheet 4 中.

问题三:飞行器的飞行环境可能随时间动态变化,虽然校正点在飞行前已经确定,但飞行器在部分校正点进行误差校正时存在无法达到理想校正的情况(即将某个误差精确校正为 0),如天气等不可控因素导致飞行器到达校正点也无法进行理想的误差校正.现假设飞行器在部分校正点(附件 1 和附件 2 中 F 列标记为"1"的数据)能够成功将某个误差校正为 0 的概率是 80%,如果校正失败,则校正后的剩余误差为 min(error,5)个单位(其中 error 为校正前误差,min 为取小函数),并且假设飞行器到达该校正点时即可知道在该点处是否能够校正成功,但无论校正成功与否,均不能改变规划路径.请针对此情况重新规划问题 1 所要求的航迹,并要求成功到达终点的概率尽可能大.

请绘出两个数据集的航迹规划路径,并将结果(即飞行器从起点出发经过的误差校正点编号及校正前误差)依次填入航迹规划结果表,放于正文中,同时将两个数据集的结果填入附件 3 的 Sheet 5 和 Sheet 6 中.

　　再次提醒:问题 1、问题 2 和问题 3 中的结果表格除了需要放在正文中,还需要汇总到附件 3 的 Excel 表格文件的 6 个不同 Sheet 中,表 x 的结果放入 Sheet x 中,最后将汇总的 Excel 表格命名为:参赛队号-结果表. xlsx,以附件形式提交.

竞赛原题中的附件

1—3

获奖论文精选　基于改进蚁群算法的飞行航迹多目标优化研究

参赛队员:李翔　邵辉　汤宁

指导教师:罗万春　宋丽娟

摘要:本文旨在解决智能飞行器在复杂环境下的航迹快速规划问题.本文基于传统蚁群算法,探讨了不同航迹约束条件下对算法的改进方案,实现了飞行器选择最佳校正点的路径优化方案.

问题一,解决误差最大容限下飞行器的最优行驶路径问题.首先,建立以航迹长度最短和校正次数最小为目标函数,以误差容限为约束条件的双目标非线性 0-1 规划模型.求解算法为改进的蚁群算法:第一,改进信息素增益计算方法,增加校正节点数控制因子,以控制校正节点数目;第二,改进信息素更新模型,对无法按要求到达终点的路径增加惩罚因子;第三,改进道路选择概率模型,增加诱导因子,使路径趋于最优路径.最终,附件 1、2 的两个数据集经训练后分别得到含有 8 个、12 个校正点的最优路径,其路径长度分别为 105.094 km 和 109.342 km,仅比起点到终点的直线距离多 4.629 km 和 6.297 km.改进的蚁群算法在训练 50 代后各项运算结果便趋于稳定,运算时间短至 3 min 内,与传统蚁群算法相比,具有较好的收敛性和稳定性,有效性好且复杂度低.

问题二,解决飞行器在最小转弯半径限制下的最优航迹问题.在问题一的双目标非线性 0-1 规划模型的基础上,增加了飞行器最小转弯半径的限制条件,求解同样采用改进的蚁群算法.附件 1、2 的数据集经训练后分别得到含有 8 个、12 个校正点的最优路径,其长度分别为 104.898 km 和 111.586 km,较起点到终点的直线距离仅多出 4.433 km 和 8.541 km.再次将改进算法与传统蚁群算法相比,改进后的算法依然可以在训练 50 代后,3 min 内结果趋于稳定.

问题三,解决非正常校正节点存在条件下的最优行驶路径问题.首先,建立以校正失误率最低、航迹长度最短、校正次数最少为目标的 0-1 规划非线性模型.在问题一所用改进的蚁群算法基础上,对其进行进一步改进:第一,改进误差容限,减小因校正失误而中途失控的概率;第二,改进信息素更新方式,适度降低路径总长度和节点数量的重要程度;第三,改进道路选择概率模型,使问题节点在开始的训练过程中被尽量多访问,充分暴露特征.最终,对附件 1、2 的数据集训练后,得到含有 18 个、15 个校正点的最优路径,其长度分别为 116.542 km 和 113.809 km.结果显示,训练后的模型并没有明显减少对非正常校正点的通过数量,而是选择通过恰当的校正点,以达优化目标.对最优路径进行 10 000 次蒙特卡洛飞行试验,飞行器均能到达目的地且使得目标函数最优.综上所述,训练得到的最优路径具有节点少、长度短、无失误的优点.

本文构建的多目标航迹优化模型具有很好的稳定性和适用性,蚁群算法在根据不同条件对参数进行改进后,较传统蚁群算法具有有效性更好和复杂度更小的优点,可作为实际航行限制因素情况下快速规划的首选方案.

关键词:改进蚁群算法　航迹规划　多目标非线性规划　0-1 规划

5.1 问题重述

5.1.1 问题背景

复杂环境下航迹快速规划的目标是在满足一系列智能飞行器机动性能限制的前提下以尽可能短的航程抵达任务终点. 在飞行过程中对定位误差进行校正是智能飞行器航迹规划中一项重要任务[1].

5.1.2 数据集

题目和附表中提供了飞行器及其飞行轨迹校正点的相关参数.

5.1.3 问题要求

根据上述题目背景及数据,题目要求建立数学模型讨论以下问题:

①针对附件 1 和附件 2 中的数据分别规划满足给定条件时飞行器的航迹,并且综合考虑航迹长度尽可能小、经过校正区域进行校正的次数尽可能少的优化目标. 此外,还要求讨论算法的有效性和复杂度.

②在①的基础上,假设飞行器的最小转弯半径为 200 m,再次考虑满足给定条件时飞行器的轨迹,并绘出两个数据集的航迹规划路径.

③由于飞行环境的复杂性,飞行器在部分校正点进行误差校正时存在无法达到理想校正的情况. 现假设飞行器在部分校正点能够成功将某个误差校正为 0 的概率是 80%,且飞行器到达该校正点时即可知道在该点处是否能够校正成功,但无论校正成功与否,均不能改变规划路径,针对此情况重新规划①所要求的航迹,要求成功到达终点的概率尽可能大,并绘出两个数据集的航迹规划路径.

5.2 模型假设

①飞行器在理想环境下飞行,忽略其质量、空气阻力等因素对其飞行的干扰.
②飞行器在飞行过程中不会遇到障碍物.
③考虑多架飞行器在航行中的相互干扰情况.
④飞行器在飞行过程中不会出现故障,可以一直按照规划航迹飞行.
⑤飞行器在飞行过程中始终保持匀速.

5.3 符号说明

主要变量及其意义见表 5.1.

表 5.1　主要变量及其意义

序号	符号	意义
1	i	飞行器途经节点的编号
2	x_i	飞行器是否在校正点 i 校正,是为1,否为0
3	y_i	校正点 i 是否是垂直校正点,是为1,否为0
4	z_i	校正点 i 是否是水平校正点,是为1,否为0
5	D_i	校正点 i 与上一校正点之间的距离
6	H_i	飞行器在校正点 i 与上一校正点间产生的水平误差
7	V_i	飞行器在校正点 i 与上一校正点间产生的垂直误差
8	δ	飞行器每飞行 1 m 增加的水平或垂直误差量
9	w_i	校正点 i 是否在飞行器转弯盲区内,是为1,否为0
10	τ_{ij}	校正点 i 与校正点 j 之间的信息素强度
11	C_k	第 k 只蚂蚁从起点到终点的路径总长度
12	P_i	传统蚁群算法中对校正点 i 的道路选择概率
13	d_i	校正点 i 到起点终点所在直线的距离
14	P_i^*	改进蚁群算法中对校正点 i 的道路选择概率
15	J_k	第 k 个校正点

注:其余符号文中说明.

5.4　问题分析

本文研究了多种约束条件下的飞行器航迹规划,即在一定的区域内,规划一条从出发点到目的地的满足给定约束条件的最优或可行的飞行路径.

5.4.1　对问题一的分析

研究给定条件下飞行器飞行航迹长度尽可能小,校正次数尽可能少的问题,可首先建立以求校正次数极小值与飞行器飞行轨迹总长度极小值的双目标函数,并按照题目给定的误差限制构造出飞行器到达水平校正点和垂直校正点时的约束条件,使用改进的蚁群算法进行求解.针对该题目校正点较多的情况,考虑对蚁群算法从3个方面进行改进:改进信息素增量、改进信息素更新方式、改进蚁群道路选择概率,优化算法结构,使得求解速度更快.

5.4.2　对问题二的分析

问题二是在问题一给定的条件下,增加了一个飞行器最小转弯半径为 200 m 的约束条件.在问题一中飞行器直线飞行可以到达的一些校正点将在问题二中无法到达.需要根据飞行器现在所在点、上一个校正点以及需要判断能否到达的下一个校正点确定一个三点共在的平面,然后在此平面上以现在所在的校正点为切点,作一个相切于现在所在校正点与前一个校正点所在直线的半径为 200 m 的圆.此时,只需要根据几何关系判断下一个校正点是否在圆内,即可判断下一个校正点能否到达.当然,该条件需要与问题一中建立的目标函数和其他约束条件共同讨论,方可得到最优路径结果.

5.4.3　对问题三的分析

由于部分校正点存在无法达到理想校正的情况,问题三将附件 1、2 中部分校正点的成功校正概率设为 80%.考虑对蚁群算法中的信息素更新、误差容限、道路概率选择 3 个方面进行改进,使这些不正常点在训练过程中尽量暴露特征,防止模型过快收敛,陷入局部最优.通过降低路径长度和节点数量对模型的要求,优化信息素更新方式;通过降低误差容限,提升模型对误差增量的敏感性;增加容错点道路选择概率,使其在初始训练阶段尽可能暴露特征.

综上所述,对飞行器航迹的优化问题可以按照图 5.2 所示的思路流程图进行求解.

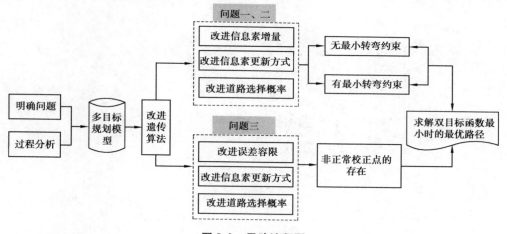

图 5.2　思路流程图

5.5　模型的建立与求解

5.5.1　问题一:给定校正参数条件下的动态规划模型

在附件 1 和附件 2 中分别给出了包含起点、终点在内的 613 个校正点和 327 个校正点.其中,本文认为起点、终点对误差进行零校正.按照附件信息,通过绘图,在空间直角坐标系中观察起点、终点以及各校正点之间的位置关系,如图 5.3 和图 5.4 所示.

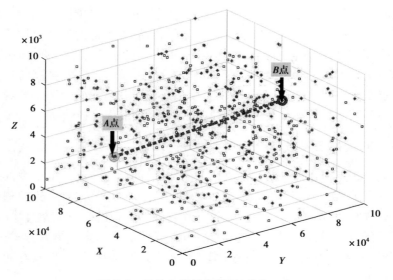

图 5.3　附件 1 数据全景图(单位:m)

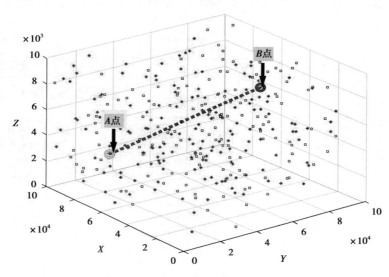

图 5.4　附件 2 数据全景图(单位:m)

　　经统计,除起点、终点外,附件 1 中的垂直校正点有 305 个,水平校正点有 306 个,附件 2 中的垂直校正点有 158 个,水平校正点有 167 个.对各校正点,飞行器只有在校正点进行校正或者不校正两种情况.可用 0-1 规划的思想建立模型.设 x_i 为第 i 个校正点是否被飞行器选中的情况,则有

$$x_i = \begin{cases} 0, \text{飞行器不在第 } i \text{ 个校正点进行校正} \\ 1, \text{飞行器在第 } i \text{ 个校正点进行校正} \end{cases} (i = 1, 2, \cdots, n) \qquad (5.1)$$

其中, n 表示飞行器从起点到目的地可能经过的所有校正点总数.

　　对各校正点,只有水平校正点、垂直校正点和作为零校正点的起点、终点的存在,本文同样使用 0-1 规划的思想表示校正点的类型,则有

$$y_i = \begin{cases} 0, \text{第 } i \text{ 个校正点不是垂直校正点} \\ 1, \text{第 } i \text{ 个校正点是垂直校正点} \end{cases} (i = 1, 2, \cdots, n) \qquad (5.2)$$

$$z_i = \begin{cases} 0, \text{第 } i \text{ 个校正点不是水平校正点} \\ 1, \text{第 } i \text{ 个校正点是水平校正点} \end{cases} (i = 1, 2, \cdots, n) \qquad (5.3)$$

当 y_i，z_i 均为 0 时，表示该为起点或终点. 根据题目要求，不存在同时是水平校正点和垂直校正点的点（即 $y_i + z_i \leq 1$）.

5.5.1.1　建立目标函数

为使得飞行器飞行时能够在途经的校正点进行校正，使得飞行器按照规划路径飞行的同时，飞行路径长度尽可能短、校正次数尽可能少，本文建立了以下两个目标函数：

目标函数 1：使得飞行器飞行路径长度尽可能短，则有

$$\min f_1 = \sum_{i=1}^{n-1} D_i x_i (y_i + z_i) + D_n \qquad (5.4)$$

目标函数 2：使得飞行器被校正的次数尽可能少，即经过校正点的数量尽可能少，则有

$$\min f_2 = \sum_{i=1}^{n} x_i (y_i + z_i) \qquad (5.5)$$

其中，n 表示所有校正点的总数，即飞行器从起点到目的地可能经过的所有校正点总数（将起点、终点看作不进行误差校正的校正点），i 表示飞行器从起点到目的地途经的校正点序号，D_i 则表示从校正点 $i-1$ 到校正点 i 的距离，其值可使用题目给出的空间直角坐标系中点的坐标求出. x_i 表示飞行器是否要在第 i 个校正点进行校正. y_i、z_i 均表示校正点的类型，将 y_i 与 z_i 相加则表示无论是垂直校正点还是水平校正点，只要飞行器在该校正点进行校正，它们的和都为 1.

综上所述，本文优化的目的就是在相关约束条件下，求 f_1、f_2 对应的最优解或可行的最优飞行路径.

5.5.1.2　约束条件

（1）对飞行器飞行过程中垂直和水平误差的约束

飞行器在飞行过程中需要根据水平误差和垂直误差实时定位，为保证飞行器能够按照规划路径飞行，根据题目提供的航迹约束，在其途经各个校正点和最终到达终点时水平误差和垂直误差均需小于题目给定的 θ，即

$$\begin{cases} H_i x_i (y_i + z_i) \leq \theta \\ V_i x_i (y_i + z_i) \leq \theta \\ y_i + z_i \leq 1 \\ i \leq n \\ x_i, y_i, z_i \in \{0, 1\} \end{cases}$$

其中，H_i 表示飞行器途经第 i 个校正点时产生的水平误差，V_i 表示飞行器途经第 i 个校正点时产生的垂直误差，θ 则为题目给定的水平误差和垂直误差的最大范围.

根据题意，因飞行器每飞行 1 m 产生的水平误差和垂直误差均为 δ，故可将飞机在两校正点间航行的距离 D_i 与产生的误差 δ 相乘作为飞行器到达节点 i 时产生的水平或垂直误差. 上式可写为

$$
\begin{cases}
\delta D_i x_i (y_i + z_i) \leqslant \theta \\
y_i + z_i \leqslant 1 \\
D_i > 0 \\
i \leqslant n \\
x_i, y_i, z_i \in \{0, 1\}
\end{cases} \tag{5.6}
$$

（2）对飞行器途经校正点进行校正时的约束

在校正点处，飞行器只有满足一定条件时才可以进行水平误差和垂直误差的校正，本文假设飞行器经过的校正点是水平校正点与垂直校正点交叉排列的. 该假设的合理性在于：为了使飞行器尽量少地去校正，即减少校正点的使用个数，且避免为了去校正而增加飞行距离，飞行器在规划下一个校正点时，应当避免经过同类的校正点.

本文根据题目信息，针对垂直误差校正点，有以下约束条件：

$$
\begin{cases}
\delta D_{i-1} x_{i-1} y_{i-1} + \delta D_i x_i y_i \leqslant \alpha_1 \\
\delta D_i x_i y_i \leqslant \alpha_2 \\
D_i > 0 \\
i \leqslant n \\
y_i \neq 0 \\
x_i, y_i \in \{0, 1\}
\end{cases} \tag{5.7}
$$

根据前文所述，$\delta D_i x_i y_i$ 表示在飞行器从校正点 $i-1$ 飞行至校正点 i 时产生的水平或垂直误差. 对垂直误差校正点，其垂直误差必须不大于 α_1，水平误差必须不大于 α_2 时，才能进行垂直误差的校正. 因当前点为垂直误差校正点，根据假设可知，上一个校正点为水平误差校正点，而该水平误差校正点仅能进行水平误差的校正，故飞行器行驶至当前垂直误差校正点时，需要将其到达上一个点时未进行校正的垂直误差 $\delta D_{i-1} x_{i-1} y_{i-1}$ 与其到达当前垂直误差校正点时产生的垂直误差 $\delta D_i x_i y_i$ 求和，当它们的和满足不大于 α_1 的限制条件才可以进行校正.

同理，对行驶路线中途经的水平误差校正点，有：

$$
\begin{cases}
\delta D_i x_i z_i \leqslant \beta_1 \\
\delta D_{i-1} x_{i-1} y_{i-1} + \delta D_i x_i z_i \leqslant \beta_2 \\
D_i > 0 \\
i \leqslant n \\
z_i \neq 0 \\
x_i, z_i \in \{0, 1\}
\end{cases} \tag{5.8}
$$

综上所述，考虑达到飞行路径长度尽可能短、校正次数尽可能少的模型为：

$$
\min f_1 = \sum_{i=1}^{n-1} D_i x_i (y_i + z_i) + D_n
$$

$$
\min f_2 = \sum_{i=1}^{n} x_i (y_i + z_i)
$$

$$\text{s. t.} \begin{cases} \delta D_i x_i (y_i + z_i) \leq \theta \\ \delta D_{i-1} x_{i-1} y_{i-1} + \delta D_i x_i y_i \leq \alpha_1 & \text{当 } y_i = 1 \text{ 时} \\ \delta D_i x_i y_i \leq \alpha_2 & \text{当 } y_i = 1 \text{ 时} \\ \delta D_i x_i z_i \leq \beta_1 & \text{当 } z_i = 1 \text{ 时} \\ \delta D_{i-1} x_{i-1} y_{i-1} + \delta D_i x_i z_i \leq \beta_2 & \text{当 } z_i = 1 \text{ 时} \\ y_i + z_i \leq 1 \\ D_i > 0 \\ i \leq n \\ x_i, y_i, z_i \in \{0, 1\} \end{cases} \tag{5.9}$$

只有在满足上述条件的情况下,飞行器才可以按照预定路线进行飞行并准确到达目的地.

5.5.1.3 改进蚁群算法

传统的 Floyd、Dijkstra、遗传等算法解决节点数量较大的最优路径规划问题时效率较低. 相比之下,有较强鲁棒性的蚁群算法更适合本题[2,3]. 结合题目要求,本文重点对其 3 个关键步骤进行改进.

(1)信息素增量的改进

蚁群算法通过模拟蚂蚁在觅食时释放信息素的行为进行智能优化,某条路径上的信息素浓度越高,则其他蚂蚁前往该路径的概率越高,从而该路径上的信息素浓度被不断加强. 在给定数据集中,从起点 A 释放 m 只蚂蚁,以概率启发的方式进行随机探索. J_n 为蚂蚁从 A 到 B 点途中经过的校正点集. 首先限制 n 上限为 100,经蚂蚁随机爬行遍历路径后,逐渐缩小 n 的值. 考虑题目特殊性,本模型加入途经校正点数 N_k 影响信息素增量,从而实现对算法的第一步改进. 第 k 只蚂蚁在路径 L_{ij} 留下的信息素增量与其经过的路径总长度 C_k 以及途经校正点数 N_k 成反比,某条路径 L_{ij} 信息素增量 $\Delta \tau_{ij}$ 为所有经过此路径蚂蚁留下的信息素之和:

$$\Delta \tau_{ij} = \sum_{k=1}^{m} \frac{1}{C_k N_k} \tag{5.10}$$

其中,$\Delta \tau_{ij}$ 表示所有蚂蚁在路径 L_{ij} 留下的信息素;C_k 表示第 k 只蚂蚁探索路径总长度.

(2)信息素更新方式的改进

若信息素一直增加,会导致算法过早陷入局部最优. 模型中应该酌情加入信息素的衰减因子. 信息素挥发因子是信息素衰减的控制参数,它可以避免信息素过度、过快集中,避免算法过度收敛,增加路径拓展性. 此外,本模型综合考虑题意,增加了信息素惩罚因子 c,它可以对没有找到终点 B 的蚂蚁进行惩罚性信息素折损,这是对算法的第二步改进. 综上所述,信息素更新方法如下:

$$\tau_{ij} = (1 - \rho - c) \tau_{ij} + \sum_{k=1}^{m} \Delta \tau_{ij}^{(k)} \tag{5.11}$$

其中,m 为蚂蚁个数;ρ 为信息素的挥发率(本文求解时设置为 0.1);c 为信息素惩罚因子,对未找到目标的蚂蚁路径进行针对性惩罚;$\Delta \tau_{ij}^{(k)}$ 为第 k 只蚂蚁在路径 L_{ij} 上留下的信息素.

（3）路径选择概率的改进

蚂蚁从起点 A 出发，可供选择的路径较多. 传统的蚁群算法中，路径选择主要依靠备选路径的信息素浓度和路径长短，即：

$$P_{ij}^k = \begin{cases} \dfrac{\tau_{ij}{}^\alpha \times \eta_{ij}{}^\beta}{\sum\limits_j \tau_{ij}{}^\alpha \times \eta_{ij}{}^\beta}, & \text{当} j \in allowed_k \text{ 时} \\ 0, & \text{其他} \end{cases} \tag{5.12-a}$$

其中，P_{ij}^k 为蚂蚁 k 从校正点 i 转移到校正点 j 的概率；η_{ij} 为能见度，其值为待选路径长度 L_{ij} 的倒数；τ_{ij} 为校正点 i 与校正点 j 之间的信息素强度；$allowed_k$ 为蚂蚁 k 待选的节点集；α、β 均为常数，分别是信息素和能见度的加权值.

AB 两点直线为最短路径，靠近此线段的校正点被访问的概率应该高于其他点. 为了更靠近飞行器从起点到终点的最优飞行路径，在式（5.12-a）的基础上，增加这些点的选择概率. 具体算法为先求得经过 A 点和 B 点的直线解析式，计算各个校正点距此直线的距离 d_i，最后将每个校正点距此直线距离的倒数与所有校正点距此直线距离的倒数之和的比值计算出来，作为各个校正点可供选择的概率大小，即距 AB 直线越近的校正点，被飞行器选择的概率越大，这是对算法的第三点改进：

$$P_i' = \frac{\dfrac{1}{d_i}}{\sum\limits_{i=1}^{n} \dfrac{1}{d_i}} \tag{5.12-b}$$

其中，P_i' 表示校正点 i 可被访问的概率.

如图 5.5 所示，本文展示了改进的蚁群算法中道路选择概率的示意图. 距离起点终点连线越近的校正点，被选择的概率越大，在图中则表现为距离 AB 连线越近的校正点圆圈越大.

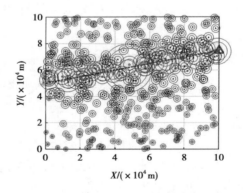

图 5.5　校正点和 AB 连线距离与被选择概率的关系

综合上述公式，结合两种概率，用 P_i^* 表示综合道路选择概率，即用信息素浓度和校正点距离计算的选择概率 P_i 与利用 d_i 求得的选择概率 P_i' 的平均值得到改进后的道路选择概率：

$$P_i^* = \frac{P_i + P_i'}{2} \tag{5.12}$$

道路选择概率产生后，采用轮盘赌法随机产生（0,1）范围内的随机数 E，E 落入

$(0,P_i^*)$时的方案即为备选方案.

5.5.1.4 模型求解

（1）结果1：符合约束条件的校正点初筛

根据问题一，附件 1 数据的参数为 $\alpha_1=25$，$\alpha_2=15$，$\beta_1=20$，$\beta_2=25$，$\theta=30$，$\delta=0.001$，附件 2 数据的参数为 $\alpha_1=20$，$\alpha_2=10$，$\beta_1=15$，$\beta_2=20$，$\theta=20$，$\delta=0.001$.

将题目中提供的重要参数整理代入模型，通过 MATLAB R2018a 软件运行得到每个校正点附近符合约束条件的邻近校正点数量以及各个校正点之间的关系示意图（图 5.6）.

如图 5.6 所示，本文利用约束条件计算每个编号的校正点可连接的校正点数量，便可将附件 1 中飞行器飞行到每个校正点时选择下一个校正点的数量范围缩小至 50 个以内，将附件 2 中飞行器飞行到每个校正点时选择下一个校正点的数量范围缩小至 30 个以内.

此外，本文选取了附件 1 中第 125 个校正点（x: 33 545.33，y: 30 995.20，z: 6 345.69）进行展示，观察飞行器飞行至此点时可以选择的符合约束条件的下一个校正点范围.

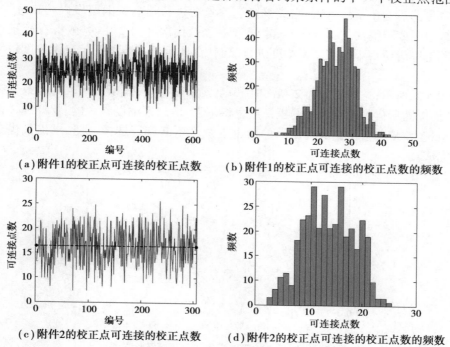

(a) 附件1的校正点可连接的校正点数　(b) 附件1的校正点可连接的校正点数的频数

(c) 附件2的校正点可连接的校正点数　(d) 附件2的校正点可连接的校正点数的频数

图 5.6　附件 1、2 符合约束条件的邻近校正点数量

如图 5.7 所示，大五角星代表着第 125 个点，当飞行器飞行到达该位置时，只有 7 个水平校正点和 4 个垂直校正点可供选择，以保证飞行器从第 125 个点飞行到这些点时不超过约束条件的范围，即飞行器飞行产生的水平或垂直误差在校正点校正范围内，使其按照规定路径飞行.

这种根据约束条件初筛后的点可使得后续的蚁群算法运行的效率大大提升，节省运行时间.

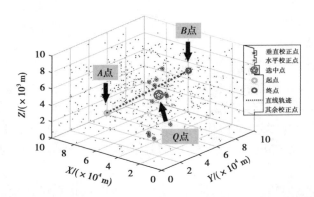

图 5.7　飞行器至第 125 个校正点时可选择的下一个校正点位置

（2）结果 2：改进道路选择概率后的蚁群算法寻求目标函数最优解

本文计算时，统一将改进后的蚁群算法初始信息素设为 0，初始蚂蚁数量设为 100，信息素的蒸发率设为 0.1．将题目中提供的重要参数代入蚁群算法，设置迭代次数为 3 000 次．

蚁群从起点到终点不断根据模型中改进后的道路概率选择公式进行道路的选择，并且在选择道路后会留下信息素，当蚁群到达终点后进行信息素的蒸发以防止过快收敛．为展现改进后蚁群算法的计算过程，本文选取了迭代次数为 200 次，蚁群在校正点之间进行道路选择时所留下的信息素浓度进行绘制（仅展示校正点之间信息素浓度较大的路径）．

如图 5.8 所示，迭代次数为 200 次时，信息素浓度越大，线条所代表的蚂蚁选择路径将越粗，而圆圈所代表的被选择的校正点也将越大．信息素浓度越大的，蚁群选择该路径的概率也越大．蚁群会根据历史留下的信息素浓度不断进行选择，直到求出最优解或迭代次数完成．

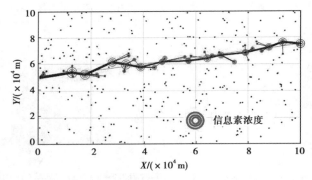

图 5.8　附件 1 校正点之间的信息素浓度关系

此外，还绘制了蚂蚁选择校正点的路径叠加图，如图 5.9 所示．

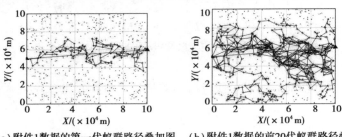

（a）附件 1 数据的第一代蚁群路径叠加图　（b）附件 1 数据的前 20 代蚁群路径叠加图

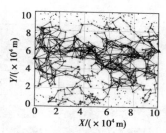

（c）附件1数据的前100代蚁群路径叠加图

图 5.9　附件 1 数据代入蚁群算法后的蚁群路径叠加图

　　如图 5.9 所示，本文使用改进后的蚁群算法在 3 000 次迭代时，蚁群不断根据新改进的道路选择概率，选择下一个符合约束条件和目标函数的校正点，每次迭代都可能会产生新的最优解.

　　在 3 000 次全部迭代完成后，本文得到了符合约束条件且能使目标函数达到最小的最优解，如图 5.10 和表 5.2 所示.

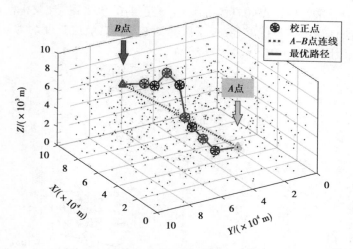

图 5.10　附件 1 数据代入蚁群算法后得到的最优路径

表 5.2　附件 1 数据集的航行轨迹校正点

校正点编号 i	校正前垂直误差 V_i/m	校正前水平误差 H_i/m	相邻校正点间距 D_i/m	校正点类型（1：垂直；0：水平）
0	0.000 0	0.000 0	0.000 0	A 点
503	13.387 9	13.387 9	13 387.919 9	1
69	8.807 3	22.195 3	8 807.342 3	0
237	21.306 8	12.499 5	12 499.483 1	1
155	11.200 8	23.700 3	11 200.817 4	0
338	23.386 6	12.185 8	12 185.800 1	1
457	12.813 1	24.998 9	12 813.077 6	0
555	24.503 3	11.690 2	11 690.242 8	1

续表

校正点编号 i	校正前垂直误差 V_i/m	校正前水平误差 H_i/m	相邻校正点间距 D_i/m	校正点类型 (1:垂直;0:水平)
425	6.256 5	17.946 7	6 256.454 3	0
612	22.509 6	16.253 1	16 253.108 8	B 点
总值	144.171 9	154.857 7	105 094.246 3	8 次校正

将附件 1 数据集代入模型后,可求得飞行器的最优路径为如图 5.11 所示的路径.其中,圆圈表示飞行器最优飞行路径上的水平校正点和垂直校正点.表 5.2 则展示了这些校正点间具体的编号、校正前的水平误差、校正前的垂直误差等结果.经过该算法计算出的最优路径,校正次数为 8 次,总航迹长度约为 105 094 m,仅比起点与终点的直线距离 100 465 m 长 4 629 m.

同理,将附件 2 数据集代入模型后,可求得飞行器的最优路径为如图 5.12 所示的路径.表 5.3 则展示了这些校正点间具体的编号、校正前的水平误差、校正前的垂直误差等结果.经过该算法计算出的最优路径,校正次数为 12 次,总航迹长度约为 109 342 m,仅比起点与终点的直线距离 103 045 m 长 6 297 m.

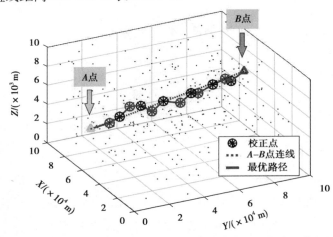

图 5.11　附件 2 数据代入蚁群算法后得到的最优路径

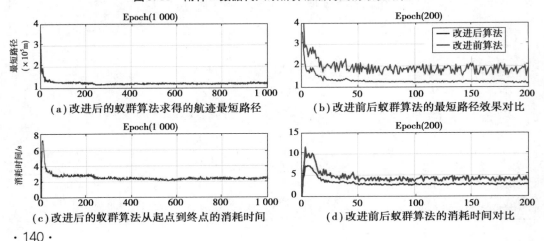

(a)改进后的蚁群算法求得的航迹最短路径　　(b)改进前后蚁群算法的最短路径效果对比

(c)改进后的蚁群算法从起点到终点的消耗时间　　(d)改进前后蚁群算法的消耗时间对比

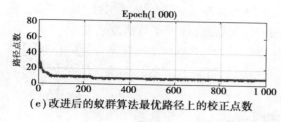

（e）改进后的蚁群算法最优路径上的校正点数

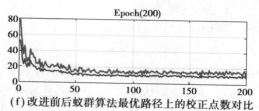

（f）改进前后蚁群算法最优路径上的校正点数对比

图 5.12　改进蚁群算法和传统蚁群算法效率对比图

表 5.3　附件 2 数据集的航行轨迹校正点

校正点编号	校正前垂直误差	校正前水平误差	相邻校正点间距	校正点类型 （1：垂直；0：水平）
0	0.000 0	0.000 0	0.000 0	A 点
163	13.287 9	13.287 9	13 287.897 6	0
114	18.622 1	5.334 1	5 334.153 3	1
8	13.922 0	19.256 1	13 921.985 8	0
309	19.446 3	5.524 3	5 524.325 4	1
305	5.968 7	11.493 0	5 968.714 5	0
123	9.204 4	9.204 4	9 204.393 1	1
45	10.006 2	19.210 6	10 006.161 4	0
160	17.491 3	7.485 1	7 485.134 5	1
92	5.776 2	13.261 3	5 776.163 6	0
93	15.260 9	9.484 7	9 484.718 4	1
61	9.834 2	19.318 9	9 834.209 7	0
292	16.388 1	6.553 9	6 553.913 9	1
326	6.960 5	13.514 4	6 960.509 3	B 点
总值	162.168 7	152.928 8	109 342.280 6	12 次校正

　　虽然附件 2 比附件 1 的校正点数目更少，参数范围更小，但本文的模型和算法依然可以求出最优解，具有较高的有效性和推广性.

　　（3）结果 3：算法的有效性和复杂度的讨论

　　本文以附件 1 数据集及其相关参数为例，记录了改进道路选择概率后利用蚁群算法求得的最优路径航迹总长度、每代蚂蚁从起点到终点的消耗时间，以及最优路径上校正点数目随蚂蚁代数的变化情况，并与未改进的蚁群算法进行比较，如图 5.12 所示.

　　由图 5.12 可知，改进道路选择概率后的蚁群算法在运行 50 代后，各项指标趋于稳定. 而未改进的蚁群算法在搜寻最短路径时稳定性较差，其余两项指标要在 150 代后才可使得各项指标趋于稳定. 改进道路选择概率后的蚁群算法收敛性更好.

此外,使用改进后的蚁群算法,每代蚂蚁从起点到终点的消耗时间均在 10 s 以内,收敛后可稳定在 3 s 以内,大大减少了算法占用的时间资源,降低了算法复杂度.

结合结果 1、2 展示的最优路径图和校正点信息表,说明本文所建立的模型和算法可以得到确定的局部最优解. 每个解都符合约束条件和满足目标函数,算法具有较高的有效性和可靠性.

问题一的程序

模型点评:采用改进的蚁群算法实现了双目标非线性 0-1 规划模型的求解,结果表明,算法的收敛性和稳定性都比较好. 建模思路清晰,算法改进过程叙述详尽. 但有些数学符号的表示稍显混乱,算法的有效性和复杂度的讨论可以进一步完善.

5.5.2 问题二:添加了最小转弯半径后的最优路径模型

飞行器在转弯时受到结构和控制系统的限制,无法完成即时转弯,假设飞行器的最小转弯半径为 200 m,需要在问题一建立的模型基础上添加转弯控制的约束变量,使得某些校正点不能被飞行器选中,以保证飞行器能够按照预定航迹飞行[4].

5.5.2.1 添加最小转弯半径的约束条件

如图 5.13 所示,B 代表现在飞行器到达的校正点,A 则是飞行器所在的上一个校正点,C 为欲到达点.

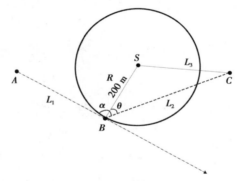

图 5.13 飞行器在校正点转弯时几何关系示意图

假设规划的飞行器的飞行轨迹为 $A \to B \to C$,但是由于最小转弯半径的存在,飞行器能否转弯到达 C 无法确定. 需要根据几何关系建立模型,判断 C 能否到达. 具体方法是:将飞行器现所在校正点 B 点与之前所在校正点 A 点连线称作直线 AB,继续以直线 AB 上的 B 点为切点,作一个相切于直线 AB 的圆 S,圆 S 的半径为 200 m. 那么飞行器将无法到达这个圆形区域里面的所有校正点. 反之,圆形区域以外的校正点飞行器将都有可能到达.

问题转变为:飞行器的预到达点与圆的位置关系,即 C 点与 S 点连线的长度 L_3 与圆 S 半径的关系. 当 L_3 的长度大于等于半径 R 时,C 校正点可被选择为飞行器下一站到达的校正点;当 L_3 的长度小于半径 R 时,飞行器将不能到达 C 校正点. 有

$$w_i = \begin{cases} 0, & \text{第 } i \text{ 个校正点与圆心距离小于圆半径} \\ 1, & \text{第 } i \text{ 个校正点与圆心距离不小于圆半径} \end{cases} \quad (i = 3, 4, \cdots, n) \qquad (5.13)$$

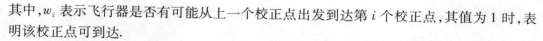

其中,w_i 表示飞行器是否有可能从上一个校正点出发到达第 i 个校正点,其值为 1 时,表明该校正点可到达.

根据几何关系,L_3 可通过下述方法求得:

①计算向量 $\overrightarrow{BA}$ 和向量 $\overrightarrow{BC}$ 的夹角 α:

$$\alpha = \arccos \frac{|\overrightarrow{BA} \cdot \overrightarrow{BC}|}{|\overrightarrow{BA}||\overrightarrow{BC}|} , \alpha \in (0,\pi)$$

②计算 $\overrightarrow{BS}$ 和 $\overrightarrow{BC}$ 的夹角 θ:

$$\theta = \left| \alpha - \frac{\pi}{2} \right| , \theta \in \left(0,\frac{\pi}{2}\right)$$

③计算 SC 的距离 L_3:

$$L_3 = \sqrt{200^2 + |\overrightarrow{BC}|^2 - 2 \times 200 \times |\overrightarrow{BC}| \cdot \cos\theta} , \theta \in \left(0,\frac{\pi}{2}\right) \tag{5.14}$$

其中,向量间的计算可通过空间直角坐标系中各点的坐标进行计算求出结果. 最后将 L_3 与圆 S 半径 200 m 进行比较,即可得到决策变量 w_i 的取值.

考虑转弯条件后的模型变为

$$\min f_1 = \sum_{i=1}^{2} D_i x_i (y_i + z_i) + \sum_{i=3}^{n-1} D_i x_i w_i (y_i + z_i) + w_n D_n$$

$$\min f_2 = \sum_{i=1}^{2} x_i (y_i + z_i) + \sum_{i=3}^{n} x_i w_i (y_i + z_i)$$

$$\text{s. t.} \begin{cases} \delta D_i x_i (y_i + z_i) \leqslant \theta \\ \delta D_{i-1} x_{i-1} y_{i-1} + \delta D_i x_i y_i \leqslant \alpha_1 & \text{当 } y_i = 1 \text{ 时} \\ \delta D_i x_i y_i \leqslant \alpha_2 & \text{当 } y_i = 1 \text{ 时} \\ \delta D_i x_i z_i \leqslant \beta_1 & \text{当 } z_i = 1 \text{ 时} \\ \delta D_{i-1} x_{i-1} y_{i-1} + \delta D_i x_i z_i \leqslant \beta_2 & \text{当 } z_i = 1 \text{ 时} \\ y_i + z_i \leqslant 1 \\ D_i > 0 \\ i \leqslant n \\ x_i, y_i, z_i, w_i \in \{0,1\} \end{cases} \tag{5.15}$$

其中,w_i 是判断飞行器能否在飞机有最小转弯半径前提下到达第 3 个点、第 4 个点、第 5 个点,一直到终点的决策变量. 本文将目标函数中的路径长度和校正次数分成前两个校正点和其余校正点分别计算. 约束条件中仅在第一问所建立模型的基础上添加了 w_i 作为决策变量的取值要求.

5.5.2.2　航行路径中转弯弧线长度的计算

在 5.5.2.1 中,讨论了圆 S 的位置如何确定以及如何判定校正点 C 能否到达的问题. 在此基础上,为了准确计算飞行器航迹长度的问题,需要讨论在存在最小转弯半径的约束条件下,飞行器如何转弯可以使得航迹长度最短.

如图 5.14 所示,B 代表现在飞行器到达的校正点,A 则是飞行器上一个所在的校正点,C 为欲到达点.过 C 点作相切于圆 S 的切线 SM,切点为 M 点,连接 SM.此时,飞行器在 B 点转弯前往 C 点时,最短路径为 $\overset{\frown}{BM}+\overrightarrow{MC}$.

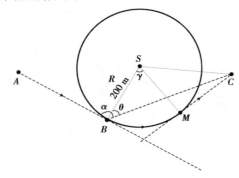

图 5.14　飞行器在校正点转弯时的几何关系示意图

①确定 S 点的坐标

由 $\overrightarrow{BS}$ 和 $\overrightarrow{BA}$ 垂直可知:

$$\overrightarrow{BS}\cdot\overrightarrow{BA}=0$$

在 A 点与 B 点坐标确定的情况下,可求出 S 点的坐标.

②确定 M 点的坐标

由 $\overrightarrow{MC}$ 和 $\overrightarrow{MS}$ 垂直可知:

$$\overrightarrow{MC}\cdot\overrightarrow{MS}=0$$

在 C 点与 S 点坐标确定的情况下,可求出 M 点的坐标.

③计算向量 $\overrightarrow{SB}$ 和 $\overrightarrow{SM}$ 的夹角 γ

$$\gamma=\arccos\frac{|\overrightarrow{SB}\cdot\overrightarrow{SM}|}{|\overrightarrow{SB}||\overrightarrow{SM}|}$$

在 S 点、B 点与 M 点坐标确定的情况下,可根据向量间的坐标运算求出 γ 的角度.

④由上述三步的分析,可计算 $\overset{\frown}{BM}+\overrightarrow{MC}$ 的长度 L

$$L=R\gamma+|\overrightarrow{MC}| \tag{5.16}$$

其中,$|\overrightarrow{MC}|$ 可根据 C 点与 M 点的坐标求出,R 为圆 S 的半径,长度为 200 m,γ 的数值已在前三步中求出,最后可计算得到飞行器在校正点转弯,前往下一个校正点时的最短路径.

模型点评:通过飞行器在校正点转弯时几何关系的分析,在前述模型的基础上,重新建立了双目标非线性 0-1 规划模型,建模过程细致清晰.可考虑计算 Dubins 距离代替欧氏距离,建模时可能会更为简便合理.

5.5.2.3　模型求解

(1)结果 1:添加最小转弯半径为约束条件后的最优路径

将附件 1 数据集代入模型后,可求得飞行器的最优路径为如图 5.15 所示的路径.

在该最优路径中,将飞行器在转弯时的所有弧线轨迹在图 5.16 中绘出,由于最小转弯半径为 200 m 的弧形轨迹在坐标轴单位较大($\times 10^4$ m)的情况下难以观察,特选取了离起点最近的一段弧形轨迹进行放大展示.

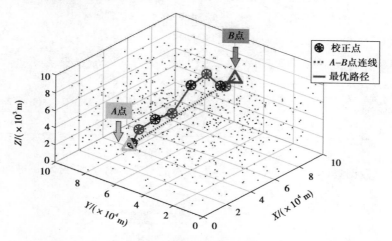

图 5.15   附件 1 数据代入蚁群算法后得到的最优路径

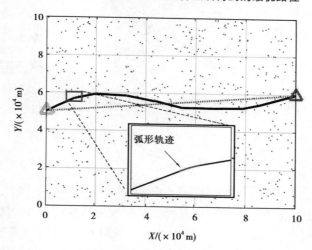

图 5.16   附件 1 中 X-Y 平面上飞行路径的弧形轨迹图

表 5.4 展示了最优路径上需经过的校正点间具体的编号、校正前的水平误差、校正前的垂直误差等结果. 经过该算法计算出的最优路径,校正次数为 8 次,总航迹长度约为 104 898 m,仅比起点与终点的直线距离 100 465 m 长 4 433 m.

表 5.4   附件 1 数据集的航行轨迹校正点

校正点编号	校正前垂直误差	校正前水平误差	相邻校正点间距	校正点类型
0	0.000 0	0.000 0	0.000 0	A 点
503	13.387 9	13.387 9	13 387.919 9	1
69	8.807 3	22.195 3	8 807.342 3	0
237	21.306 8	12.499 5	12 499.483 1	1
155	11.200 8	23.700 3	11 200.817 4	0

续表

校正点编号	校正前垂直误差	校正前水平误差	相邻校正点间距	校正点类型
338	23.386 6	12.185 8	12 185.800 1	1
457	12.813 1	24.998 9	12 813.077 6	0
555	24.503 3	11.690 2	11 690.242 8	1
436	7.355 8	19.046 1	7 355.848 3	0
612	22.313 7	14.957 8	14 957.843 4	B点
总值	145.075 5	154.661 8	104 898.374 9	8 次校正

将附件 2 数据集代入模型后,可求得飞行器的最优路径为如图 5.17 所示的路径.

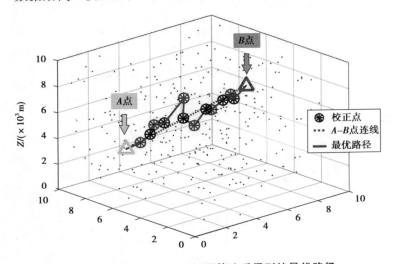

图 5.17　附件 2 数据代入蚁群算法后得到的最优路径

在该最优路径中,将飞行器在转弯时的所有弧线轨迹在图 5.18 中绘出,同绘制附件 1 数据集求解出的结果一样,由于最小转弯半径为 200 m 的弧形轨迹在坐标轴单位较大 ($\times 10^4$ m)的情况难以观察,特选取了离起点最近的一段弧形轨迹进行放大展示.

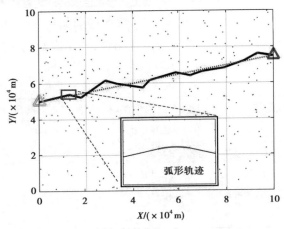

图 5.18　附件 2 中 X—Y 平面上飞行路径的弧形轨迹图

表 5.5 展示了这些校正点间具体的编号、校正前的水平误差、校正前的垂直误差等结果. 经过该算法计算出的最优路径,校正次数为 12 次,总航迹长度约为 111 586 m,比起点与终点的直线距离 103 045 m 长 8 541 m.

表 5.5　附件 2 数据集的航迹校正点

校正点编号	校正前垂直误差	校正前水平误差	相邻校正点间距	校正点类型
0	0. 000 0	0. 000 0	0. 000 0	A 点
163	13. 287 9	13. 287 9	13 287. 897 610 5	0
114	18. 622 1	5. 334 2	5 334. 153 324 0	1
8	13. 922 0	19. 256 1	13 921. 985 778 0	0
309	19. 446 3	5. 524 3	5 524. 325 401 4	1
121	11. 252 0	16. 776 4	11 252. 042 645 0	0
123	16. 603 6	5. 351 6	5 351. 600 244 2	1
49	11. 790 2	17. 141 8	11 790. 194 456 4	0
160	18. 304 0	6. 513 8	6 513. 805 770 9	1
92	5. 776 2	12. 290 0	5 776. 163 625 4	0
93	15. 260 9	9. 484 7	9 484. 718 395 7	0
61	9. 834 2	19. 318 9	9 834. 209 701 7	0
292	16. 388 1	6. 553 9	6 553. 913 884 1	1
326	6. 960 5	13. 514 4	6 960. 509 274 8	B 点
总值	177. 448 0	150. 348 0	111 585. 520 1	12 次校正

(2)结果 2:算法的有效性和复杂度的讨论

本文仍然以附件 1 数据集及其相关参数为例,记录了改进道路选择概率后蚁群算法在进行计算时求得的最优路径航迹总长度、每代蚂蚁从起点到终点的消耗时间,以及最优路径上校正点数目随蚂蚁代数的变化情况,并与未改进的蚁群算法进行比较,如图 5.19 所示.

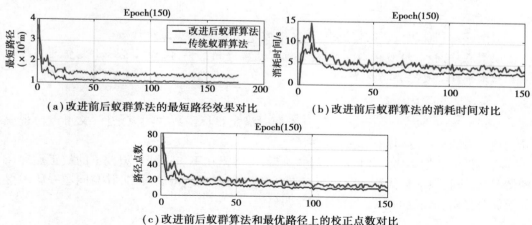

(a)改进前后蚁群算法的最短路径效果对比　　(b)改进前后蚁群算法的消耗时间对比

(c)改进前后蚁群算法和最优路径上的校正点数对比

图 5.19　改进的蚁群算法和传统蚁群算法效率对比图

由图 5.19 可知,改进道路选择概率后的蚁群算法和传统蚁群算法在运行 50 代后,各项指标均趋于稳定,具有较好的收敛性.但未改进的蚁群算法稳定性较差,且其计算出的最优路径长度相较于改进的蚁群算法较长,每代蚂蚁爬行时间更多以及校正次数也更多.

问题二的程序

改进后的蚁群算法相较于传统的蚁群算法,大大减少了算法占用的时间资源,降低了算法复杂度,同时可以更快更高效地求出符合约束条件和目标函数的最优解,保证了算法的有效性.

5.5.3 问题三:部分校正点未能达到理想校正下的最优路径规划模型

在本问题中,加入了校正失误的情况,校正失误可能导致的后果严重性大于路程延长,随机产生的误差校正失误现象导致了整体误差向高偏移.由于不能临时改变行驶路径,这对路径的选择更加苛刻.所以我们的主要目标为使校正失误导致后果最轻,即能完成全程误差校正,无中途失控情况.

5.5.3.1 信息素更新改进与误差容限的 0-1 规划模型

利用问题一的算法,加入误差校正失误的情况后,路径长度和节点数量明显增加.对此,在信息素更新步骤中,本文减少了路径长度和节点数量对信息素的影响程度,引入了误差增量因素,即增加的误差量直接对信息素造成影响.这样,将减少误差超额引起的路径丢失.

$$\Delta t = \frac{C}{D^{\alpha} N_k{}^{\beta} \Delta w} \tag{5.17}$$

其中,C 为修订常数;D 为路径长度;N_k 为节点数量;α 和 β 为对 D 和 N_k 的校正因子;Δw 为误差增量,增加的误差会导致该路径信息素的降低.

在问题一中,误差容限作为路径选择的硬性限制条件,其作用在此问中更加明显.对此作出改进:当路径的总误差 W 接近其最大上限时,路径的长度最短,节点最少,但是容错会降低,将各类误差上限降低 β,给路径提供更多的容错空间,增加更多路径备选方案.

此外,对部分校正失误的校正点,为增加其访问率,使其暴露更多特征,通过将路径选择概率提升,增加其被选择的概率,即

$$P_i'' = \sqrt{P_i^*} \tag{5.18}$$

对能够达到理想校正的校正点,本文继续采用 P_i^* 作为道路选择概率.

模型点评:和前两问相比,本问建模过程呈现得稍显单薄,如果能给出完整的目标函数和约束条件会更完善.

5.5.3.2 模型求解

基于上述改进方法进行编程,得到了同时满足目标函数和约束条件,又可以使得成功到达终点的概率尽可能大的最优路径.

将附件 1 数据集代入改进的蚁群算法后,可求得在不能达到理想校正的校正点存在的情况下,飞行器的最优路径为如图 5.20(a)所示的路径.可以看出,其与问题一所求得的最优路径所要经过的校正点数目相比明显增加.

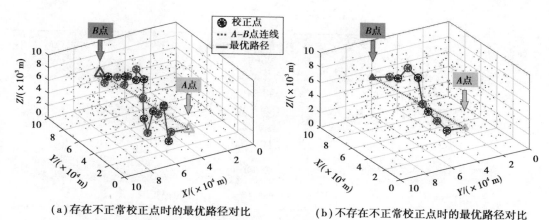

(a) 存在不正常校正点时的最优路径对比　　　　(b) 不存在不正常校正点时的最优路径对比

图 5.20　附件 1 数据集不正常校正点存在时与不存在时的最优路径对比图

表 5.6 展示了这些校正点间具体的编号、校正前的水平误差、校正前的垂直误差等结果. 经过该算法计算出的最优路径, 校正次数为 18 次, 总航迹长度约为 116 543 m, 比起点与终点的直线距离 100 465 m 长约 16 078 m. 此外, 该最优路径上的非正常校正点无论能否校正成功, 都能按照预定轨迹抵达终点.

表 5.6　附件 1 数据集不正常校正点存在时的航行轨迹校正点

校正点编号	校正前垂直误差	校正前水平误差	相邻校正点间距	校正点类型 (1:垂直;0:水平)	是否为正常校正点 (1:不正常,0:正常)
0	0.000 0	0.000 0	0.000 0	A 点	0
200	13.945 3	13.945 3	13 945.290 2	0	1
354	16.175 3	7.230 0	2 230.004 0	1	1
294	14.196 9	16.426 9	9 196.869 0	0	1
136	18.835 2	9.638 4	4 638.352 0	1	1
80	9.286 7	13.925 1	4 286.747 7	0	1
237	13.914 5	9.627 7	4 627.744 6	1	1
371	11.829 3	16.457 1	6 829.321 5	0	0
399	17.819 6	5.990 3	5 990.284 7	1	0
278	7.606 8	13.597 1	7 606.766 8	0	0
338	13.804 4	6.197 6	6 197.641 0	1	0
250	6.574 1	12.771 8	6 574.133 9	0	0
369	8.596 8	2.022 6	2 022.628 9	1	1
172	12.843 4	9.866 0	7 843.404 8	1	1
214	18.626 9	10.783 5	5 783.472 0	0	0
555	24.215 9	5.589 0	5 589.045 1	1	0

续表

校正点编号	校正前垂直误差	校正前水平误差	相邻校正点间距	校正点类型（1:垂直;0:水平）	是否为正常校正点（1:不正常,0:正常）
436	7.355 8	12.944 9	7 355.848 3	0	1
501	14.046 9	11.691 0	6 691.049 1	1	0
302	2.890 3	14.581 3	2 890.274 0	0	1
612	9.134 2	11.244 0	6 243.959 5	B 点	0
总值	241.698 4	204.529 6	116 542.837 1	18 次校正	

对最优路径上的这 20 个校正点(含起点终点在内)进行 10 000 次飞行实验,在非正常校正点校正成功概率为 80% 的前提下,得到了飞行器在每次飞行实验中途经各校正点时校正前的误差.如图 5.21 所示,可观察得到飞行器在该路径上飞行时,在各个校正点对其进行校正前的误差水平趋于稳定.即便存在非正常校正点对飞行器误差全部校正失败的情况,该航迹也能保证飞行器顺利到达终点.同时,该路径上的校正点可以达到航迹长度尽可能短,校正次数尽可能少的目标.

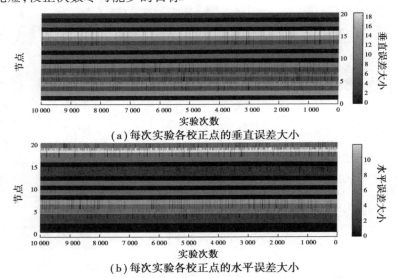

(a) 每次实验各校正点的垂直误差大小

(b) 每次实验各校正点的水平误差大小

图 5.21　进行 10 000 次实验每次实验各校正点的误差大小

将附件 2 数据集代入改进的蚁群算法后,同样可求得在非正常校正点存在的情况下,飞行器的最优路径为如图 5.22 所示的路径,共需要经过 15 次校正才能到达.

表 5.7 展示了这些校正点间具体的编号、校正前的水平误差、校正前的垂直误差等结果.经过该算法计算出的最优路径,校正次数为 15 次,总航迹长度约为 113 809 m,比起点与终点的直线距离 103 045 m 长约 10 764 m.此外,同附件 1 数据集所求出的结果一样,该最优路径上的非正常校正点无论能否校正成功,都能按照预定轨迹抵达终点.

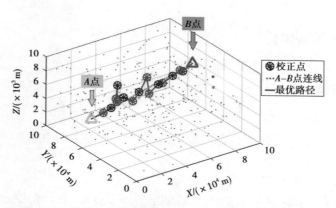

图 5.22 附件 2 数据集不正常校正点存在时的最优路径

表 5.7 附件 2 数据集不正常校正点存在时的航迹校正点

校正点编号	校正前垂直误差	校正前水平误差	相邻校正点间距	校正点类型（1:垂直;0:水平）	是否为正常校正点（1:不正常,0:正常）
0	0.000 0	0.000 0	0.000 0	A 点	0
163	13.287 9	13.287 9	13 287.897 6	0	1
114	10.334 2	18.622 1	5 334.153 3	1	1
234	14.865 4	9.531 2	4 531.211 4	0	1
222	12.282 3	16.813 6	7 282.344 2	1	1
8	16.912 3	9.629 9	4 629.927 1	0	1
309	10.524 3	15.154 3	5 524.325 4	1	1
305	16.493 0	10.968 7	5 968.714 5	0	1
123	14.204 4	20.173 1	9 204.393 1	1	1
231	23.641 1	14.436 7	9 436.726 7	0	1
49	8.486 4	17.923 1	3 486.360 2	0	1
160	11.513 8	24.436 9	6 513.805 8	0	1
92	17.290 0	10.776 2	5 776.163 6	0	1
93	14.484 7	20.260 9	9 484.718 4	1	1
61	24.318 9	14.834 2	9 834.209 7	0	0
292	6.553 9	21.388 1	6 553.913 9	1	0
326	13.514 4	6.960 5	6 960.509 3	B 点	0
总值	228.707 0	245.197 3	113 809.374 2	15 次校正	

问题三的程序

5.6 模型的评价及推广

5.6.1 模型的优点

（1）模型统一，通用性强

本文针对各种约束条件，飞行器的航迹规划统一使用多约束条件下的规划模型，仅需代入数值参数即可求解.

（2）优化合理，结果可靠

本文建立的基于蚁群算法和0-1规划思想的多目标非线性优化模型能求出目标函数的相对最优解，结果可靠，与实际结合紧密，从而解决实际情况.

（3）算法稳定，方法易懂

本文采用的改进道路选择概率后的蚁群算法，结合立体几何知识进行求解，数次运行均可得到相对稳定的最优解，无须再通过传统的遍历方式，从而简化了运算量. 方法简单易懂，具有较强推广性.

5.6.2 模型的不足

本模型程序在迭代次数较多时运行时间较长，求解时对计算机配置有一定要求.

5.6.3 模型的推广

本文中所采用的改进道路选择概率后的蚁群算法，更符合实际飞行器飞行时的情况. 此外，将多目标优化问题转换为单目标优化问题进行分析，思路巧妙，简单易懂，具有较强的推广意义.

本章图片

参考文献

[1] 陈侠，艾宇迪，梁红利. 基于改进蚁群算法的无人机三维航迹规划研究[J]. 战术导弹技术，2019(2)：59-66，105.

[2] 熊瑜，饶跃东. 基于改进蚁群算法的无人飞行器航迹规划[J]. 计算机与数字工程，2010，38(7)：41-44，146.

[3] 高颖，陈旭，周士军，等. 基于改进蚁群算法的多批次协同三维航迹规划[J]. 西北工业大学学报，2016，34(1)：41-46.

[4] 郭拉克，李文生，韩帅涛. 一种改进的无人机多目标航迹规划研究[J]. 计算机测量与控制，2018，26(9)：168-171，180.

建模特色点评

本文被评为"华为杯"全国研究生数学建模竞赛优秀论文二等奖,现以全文展示整个建模过程.

问题一,论文首先在满足最基本的水平、垂直限制高度条件下,以航迹长度最短、校正次数最小为目标建立了双目标非线性0-1规划模型.考虑蚁群算法容易陷入局部最优解,采用改进的蚁群算法进行求解,算法的收敛性和稳定性都较好.问题二,增加了转弯半径的路线限制.通过飞行器在校正点转弯时几何关系的分析,在问题一所建模型的基础上,论文重新建立了双目标非线性0-1规划模型,同样采用改进的蚁群算法求得最优解.问题三,除需优化航迹距离和经过的校正点个数以外,还要考虑飞行器在校正点可能出现校正失败的情况.论文建立了以校正失误率最低、航迹长度最短、校正次数最少的多目标0-1规划非线性模型.利用进一步改进的蚁群算法求得了最优解,并对最优路径进行了蒙特卡洛模拟验证.

文中建立的3个数学模型最后都归结为多目标优化模型,最常见的处理方法就是采用线性加权法,按照目标的重要性赋予相应的权重系数,将多目标规划函数转化为单目标规划函数进行求解.文中没有交代这一点具体是如何处理的.问题二添加曲率约束条件后,构建新的多目标规划模型时,已有理论支撑:连接两点的最短路径将通过最大曲率的圆的圆弧和直线段构成,即平面曲线最优是Dubins曲线,对特定输入航线,可考虑计算Dubins距离代替欧氏距离更为简便合理.问题三属于典型的随机约束规划.这类规划问题,因为随机性的存在,比较难以求解.文中采用了蒙特卡洛模拟,算法相对低效,若能基于马尔科夫过程理论计算校正失败的概率以及误差的期望,再以误差期望作为新的约束条件,同时通过调节蚁群算法中信息的大小来控制成功概率,进而重新求解模型,效果可能会更优.

飞行器航迹规划是保证飞行任务圆满完成的重要技术支撑,在民用和军用领域都得到了广泛的应用.执行飞行任务时环境的复杂化,使得飞行器对自身定位误差进行校正显得格外重要.论文建模思路清晰,采用方法简单有效,改进后的蚁群算法描述详尽,训练得到的最优路径节点较少、长度较短,并展示了大量的实验结果和对比图表,不失为一篇优秀建模论文.

马翠